女人活出从容之美

萱苏 著

中国国际广播出版社

图书在版编目（CIP）数据

女人活出从容之美 / 萱苏著. -- 北京：中国国际
广播出版社, 2018.4
ISBN 978-7-5078-4284-5

Ⅰ.①女… Ⅱ.①萱… Ⅲ.①女性－人生哲学－通俗
读物 Ⅳ.①B821-49

中国版本图书馆CIP数据核字(2018)第074464号

女人活出从容之美

著　　者	萱苏	
责任编辑	杜春梅	
版式设计	华阅时代	
责任校对	徐秀英	

出版发行	中国国际广播出版社 [010-83139469　010-83139489（传真）]	
社　　址	北京市西城区天宁寺前街2号北院A座一层	
	邮编：100055	
网　　址	www.chirp.com.cn	
经　　销	新华书店	
印　　刷	三河市宏顺兴印刷有限公司	

开　　本	880×1230　　1/32	
字　　数	200千字	
印　　张	8	
版　　次	2018年10月　北京第一版	
印　　次	2018年10月　第一次印刷	
定　　价	39.80元	

女 人，美 在 灵 魂 里

女人的美是各不相同的。

有人把美女归了类。首先是第一眼美女，指的是天生丽质，一眼看上去就很美丽的女人。第二眼美女的外表可能相貌平平，一眼看去并不惹人注意，但她们着装得体，言谈举止恰到好处，有着一种独特的韵味，让人越看越觉得好看。第三眼美女也许形象一般，气质也没有出众之处，但心性却是聪慧灵透的，跟这样的女人相处，总是让人觉得轻松愉快。

第一眼美女虽然好看，但只是表面的艳丽，离不开世俗的审美。这样的美丽难以长久，就像西施，虽有倾国倾城之貌，但不过是男人政治斗争的工具，风光一时，下场却不免悲惨。就算能平平安安过一生，也终有一天会容颜老去，风光不再。

第二眼美女虽不耀眼，但她的美丽是深深蕴藏在一举一动之中的，经得起推敲品评。但是这样的美依旧是浮于表面的，也是能刻意修炼的。有些女人看起来虽然优雅大方，但不一定好相处。

只有第三眼美女是美在灵魂里的，从外表上看，她也许并没有什么闪光点，丢到人群里找不出来。而当你渐渐了解她的时候，便会开始眷恋在她身边的感觉，再也舍不得离开。

这样的女人温柔善良，不过分注重对外表的修饰，却实实在在，体贴包容。不拘泥，不做作。跟这样的女人相处总是轻松自在的，无论亲人、朋友还是爱人，都能感受到她的从容淡然，自己的内心也能由此获得平静。

这样的女人，看似没有存在感，但是和她们在一起就会上瘾。她们的宁静会影响她们身边的人，平复他们的焦躁与惶恐。她们能让你放下所有防备，回归最轻松自然的状态。

这才是女人真正的魅力所在，它与外表的修饰无关，而源于一种宁静淡然的状态。这样的女人经得起跌宕起伏，也能享受平平淡淡，无论何时，给人的感觉都是安宁的。

这份恬静的背后，必定是一颗从容的心，善良宽容，聪慧而不失天真。就像林清玄说的："修得一颗平常心，观照一饭一花，就有小宇宙、小风波，于平凡中见惊喜，在风波中见定力；平常人生，柔韧又自在。"

目 录

CONTENTS

第 一 章

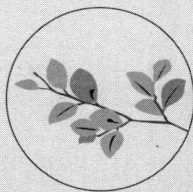

心安，是活着的最好状态

上善若水女人心

上善若水，水善利万物而不争，处众人之所恶，故几于道。

——老子

关于老子，我曾听过这样一个故事：

老子的老师常摐病了，老子去看望他。常摐张开嘴给老子看了看，问他："我的舌头还在吗？"老子说："在。"又问："我的牙齿还在吗？"老子说："已经没了。"常摐说："你知道这是为什么吗？"老子说："舌头之所以留存，难道不是因为它的柔软？牙齿之所以脱落殆尽，难道不是因为它的坚硬吗？"常摐说："好，是这样。天下之事已经全部包容在内，再没有什么要对你讲的了。"

确实已经不需要多讲，道理已经显而易见。强硬的免不了在磕碰和角力中损耗，只有柔软的，才能泰然自处，保持生机。而女人的柔，如同温润的水，化解了这个世界的坚硬与干枯，让我们生存的世界更加充满柔情与温暖。

人们常把女人比作水，因女人柔弱，如水般无棱无角；因女人善于包容，像水一样能把酸甜苦辣全都溶解于其中；因女人善变，此刻和顺温润，下一刻就成了冷硬的坚冰。

《红楼梦》里，贾宝玉则直接说："女儿是水做的骨肉，男人是泥作的骨肉，我见了女儿便清爽，见了男子便觉得浊臭逼人。"

一个女人，在她初入人世的时候，是如清澈的泉水般干净明澈的。她在生命的溪涧中自在地流淌，父亲的宽厚、母亲的慈爱，全都映照在她明镜般的心中。都说女儿是爸妈的贴心小棉袄，那软软的、小小的、暖暖的身体，甜甜的、柔柔的声音，能把大人心中的压抑、烦恼全都洗净、抚平。当她慢慢长大，长成一个成熟的女人，拥有了柔美圆润的曲线、轻柔婉转的嗓音，她的内心也如水般温润柔和。

结婚成家，是大多数女人一生中要经历的过程。从父母的宝贝，变成别人的妻子，这对女人来说，是一个痛苦的转变过程。来自两个家庭，拥有不同的背景，在性格、生活习惯等各个方面都存在各式各样的差异，这样的两个独立的个体开始组织家庭，必然会产生各种各样的摩擦。若是没有水一般的大度与宽容，又怎能把一个又一个琐碎的问题一一化解呢？**水一般的女人，懂得张弛有度，既不盛气凌人，也不委曲求全，而是**

用爱化解两个人、两个家庭的种种摩擦，把家塑造成一个温馨的港湾。

而当她成为一个母亲，除了对家庭的经营与呵护之外，更多了一层抚养、教育子女的责任。父母是孩子的第一任老师，其中，母亲对孩子的影响尤为重要。孩子在出生之前，就与母亲血肉交融，出生之后又依赖母亲的哺乳和照顾才得以生存。母亲和孩子，天生就有一种密不可分的关联。在孩子成长的初期，母亲的爱起着至关重要的作用。

心理学家曾经做过这样一个实验：

在一个笼子里准备两个"猴妈妈"，一个是用金属支架做的，胸部挂着奶瓶；另一个是用绒布做的，身上没有任何食物。把刚出生不久的小猴子关在这个笼子里。通过几天的观察，小猴子在大部分时间都待在绒布做的"猴妈妈"那里，只在饿的时候去金属"猴妈妈"那里去找奶瓶。因为绒布"猴妈妈"能够给它温暖。

养育孩子，并不只是给他提供应有的物质条件，更重要的是陪伴和包容。母亲的关怀，是滋润孩子心灵的"乳汁"。一个人成长的初期的经历，对他的一生影响甚远，三岁之前的经验，无论是正面的还是负面的，都将深藏于他的内心，甚至能一直支配他的感觉和行动。而在这一阶段，母亲的影响尤为重要。母亲的一举一动都是孩子学习和模仿的榜样，而母亲的心态、品行，则会影响孩子一生。母亲的善良与关爱，是孩子一生幸福的源头。

一个女人的身份并不仅仅限于爱人和母亲，她们是整个大家庭的一分子，更是社会的一员。比起男人的强势与直接，女人更加善解人意，更加善于与人沟通。在表述一件事情的时候，男人通常会直截了当地简单陈述事实，而女人则更擅长对整个事情进行仔细勾勒，对关键的点进行生动细致的描述，使对方更容易接受和信服。而在面对世界的丑恶和人世间的痛苦时，善良的女人更能够设身处地地为他人着想，化解矛盾，减少痛苦。

就像柴静，用自己细腻的眼光去观察这个世界。在自己的传记中，她将人的心理进行了仔细的剖析，将自己成长中的真实感受娓娓道出，用自己亲身经历的和看到的人生，去诠释她所理解的世界。

就像"阿根廷玫瑰"——阿根廷前总统贝隆的夫人艾薇塔，用春天般温暖的微笑帮民众树立"平等民主的信心"，重病之后，依然努力为民众谋福利。为女人争取投票权，建立基金会和穷人救助中心，打击腐败、建学校、建医院，"为穷人燃烧自己的生命"。

就像特蕾莎修女，将自己的一生奉献给慈善，用尽一切的力量去帮助穷人和其他一切需要帮助的人，用尊重和关怀对抗人间的自私与冷漠。

人们都说，男为阳，女为阴，男为刚，女为柔。阳刚与温柔，成为男女之间最鲜明的对比。如果男人是厚重的山，那么女人就是温润的水，山不转水转，不与骄阳争光明，不与群山争高耸。守着一份恬淡，参悟人生百味；保留一份纯粹，体会生命真谛。

心生柔软，宁静自在

> 不是每个人都喜欢大风大浪，习惯大喜大悲，修得一颗平常心，观照一饭一花，就有小宇宙，小风波，于平凡中见惊喜，在风波中见定力，平常人生，柔韧又自在。
>
> ——林清玄

在木木的心目中，哥哥一直是个天之骄子式的人物，人帅，有才华，名牌大学毕业，工作又好。我见过一次照片，确实高大帅气，笑容也很温暖，可他身边的女人却很平凡，相貌平平，个子不高，有些微胖。那女人是木木的嫂子。

一开始，木木对这个嫂子特别不满意，外貌、学历、收入都配不上他哥不说，人也没趣，跟她聊衣服、护肤品、电视剧，她一概什么都不知道。木木说，一定是那女人用了什么手段，把她哥给迷惑了。

可就在他哥结婚的前后，木木的态度忽然变了，提起嫂子来总是乐呵呵的，一脸崇拜。她说："我也不知道为什么，反正我挺喜欢她的，跟她在一起很轻松。"

原来，在婚礼之前，木木到她嫂子家里去过一次。房子只有六七十平方米，但是收拾得干干净净。虽然木木家的经济条件比她嫂子家要好很多，但她嫂子的父母并没有半点巴结或自卑，举止得体，既有礼貌又不失尊严。除此之外，木木还发现，她嫂子的朋友很多，天南海北，各行各业，学校里、工作中认识的都有，在婚宴的宾客名单里排了长长的一排。

慢慢熟悉了之后，木木发现了嫂子的很多优点，活泼开朗，善解人意，等等。用木木的话说："跟她在一块儿总觉得时间过得特别快，有一搭没一搭地说着话，经常不知不觉地半天就过去了。不管在外面遇到什么烦心事儿，回家跟她一说，她几句话就能帮我解开。"

木木开始理解她哥哥为什么喜欢她嫂子。毕竟爱人不是摆设，婚姻不是广告。温润如水的性情比美丽的容貌更能滋润心灵。真正美的女人，跟她在一起的时候，应该是很舒服的。

有那么一种女人，看似没有存在感，但是和她在一起就会上瘾。她能让你放下所有防备，回归最轻松自然的状态。

这才是女人真正的魅力所在，它与外表的修饰无关，而是一种宁静淡然的状态。这样的人经得起跌宕起伏，也能享受平平淡淡，无论何时，给人的感觉都是从容安宁的。一个人的宁静也会影响他身边的人，平复他们的焦躁与惶恐。

在这个快节奏的社会，宁静似乎成了最难以得到的奢侈品。有的人拼命赚钱，只为买一套房子，拥有一个能屏蔽外界干扰的空间；有的人深居简出，不关己事绝不张口；有的人长途跋涉，想从山林之中找到清静……或许短时间内得到了放松，可一旦回归正常生活，就又恢复到以往的状态。我们似乎已经习惯了繁忙的工作，习惯了发展社交积累人脉，习惯了为了各种各样的事情熬夜，早上拖着睡眠不足的沉重身体匆匆忙忙赶到公司。

作家、散文家林清玄曾说：**"不是每个人都喜欢大风大浪，习惯大喜大悲，修得一颗平常心，观照一饭一花，就有小宇宙，小风波，于平凡中见惊喜，在风波中见定力，平常人生，柔韧又自在。"**

诚然，宁静只存在于我们的内心深处，若内心满是杂念，无论到了那里，都摆脱不了焦躁不安的状态。若是内心淡然宁静，万千纷扰又与我何干！

心如莲花，气韵如兰

美必须干干净净，清清白白，在形象上如此，在内心中更是如此。

——孟德斯鸠

第一次见到三毛的照片是在上高中的时候。我正在学校附近的路上走着，忽然看到一个书摊，一本本装帧各异的书摆了满满一大片。摊主是个中年的男子，坐在一个小马扎上低头看着一本书。我走过去，扫了一眼那些书，最后目光停留在一本三毛的文集上。文集的封面具体是什么样子，我已经不记得了，只记得上面有三毛的照片——她穿着一件类似于波西米亚风格的长裙，蹲坐的姿势，笑容灿烂。

以前我从没读过三毛写的东西，提起"三毛"两个字，只知道小时候看过的《三毛流浪记》。但从那一眼之后，我再也忘不了那张笑脸，也许有些人的脸是有魔力的，能让人不知不觉受到吸引吧。

贾平凹说："三毛不是美女，一个高挑着身子，披着长发，携了书和笔漫游世界的形象，年轻的坚强而又孤独的三毛对于大陆年轻人的魅力，任何局外人作任何想象来估价都是不过分的。许多年里，到处逢人说三毛，我就是那其中的读者，艺术靠征服而存在，我企羡着三毛这位真正的作家。"

的确，平心而论，三毛并不是那种长得特别漂亮的女人，但她自幼博览群书，年纪轻轻就大胆地出去闯世界。她的学问、她的心胸、她的见识，远非一般的女人可以比拟。她卓尔不群，不守常规，身上总是带着一股坚韧和孤独。她的魅力绝不在于五官，而是在于她纯粹的、洁净的、不向世俗妥协的独特韵致。

提到三毛，就想起了张爱玲。

张爱玲有一张照片，是一张半身像。照片里的她穿着一件古色古香的掐腰绸缎短衫，姿势确实插着腰，昂着头，眼睛里满是高傲与漠然，有些像现代时装秀上模特的亮相。

我一直觉得，这张照片是对她本人最真实的还原。她是名门之后，祖父是清末的名臣，祖母则是李鸿章的长女。她的父亲是清末遗少型的人物，母亲却是个新式女性，曾经赴欧洲游学。张爱玲从父母身上继承了两种不同的特质，她有着丰富的传统文化修养，而内心却有一种桀骜不群的现代色彩。她的穿着细致讲究，营造的却是标新立异、与众不同的感觉。她写出的故事跌宕起伏，直击人性的最深处，而语言却带着古典小说的感觉，被评价为"正宗的中文"。她的爱情细腻而温柔，可以为了深爱的人"低到尘埃里","在尘埃里开出花来",在爱情破碎的时候,她也断得决绝,即使曲终人散,也让旁观者叹息不已。

照片留下的不只是张爱玲的容貌,还有她内心最真实最直观的显现。她那透彻的目光,睿智、冷漠、不可一世,仿佛能看透整个世界。

女人的美在于气韵。如果容颜是一种视觉上的感官,那么气韵则是由心生发、由心感受的一种独特信号。

在《红楼梦》里,最引人注目的人物,非林黛玉莫属。她孤标傲世,纵使身处繁华富贵之中,也保持着那股与众不同的清高。她才思敏捷,别具一格的文采力压群芳。她美得出众,就连最俗的薛蟠瞥见她都要失神。她的美是与生俱来的,她是西方灵河岸边三生石畔的绛珠仙草,受天地精华滋养,甘露之水灌溉,她的灵魂中本就蕴藏着一种超脱凡尘的灵气,即使入了凡尘,依旧与众不同。

除了黛玉,其他的女子也各自有她们独特的韵味。如牡丹般艳冠群芳的宝钗,如杏花般出身平凡却富有诗情、干净利落、敢做敢为的探春,如海棠般潇洒明艳、热情奔放的湘云,以及晴雯、袭人、麝月,等等。

《红楼梦》虽是虚构,但给了我们一个启示,**气韵是一个女人灵魂的核,是她的生命所达到的境界**。女人如花,每一种花不仅有独特的姿态,也有它与众不同的品格。莲花高洁,牡丹华贵,兰花淡雅。花如此,人亦如是。

　　女人是一首诗，有诗的品格，有诗的味道。诗的典雅与粗劣体现在字里行间，女人的精致与粗俗显露于举手投足。这种差别仅凭肉眼无法分辨，因为只有用心，才能体会到那由灵魂深处散发的幽香。

　　外貌随时可以修饰，行为举止也可以练习，而气韵对女人而言，则是她所有过往的融合与外现，不是那么容易改变的。只有心如止水的女人能拥有自然舒畅的气韵，在她们身上，绝对看不出浮华与做作，她们不一定有好看的容貌，但无一例外都是美的。她们的美来自心，心如止水，则气韵舒畅，心如莲花，则气韵如兰。

别让物欲搅乱内心

我们最终是因为没有思想，所以才发现我们没有钱。我们最初是因为沉溺于肉欲，所以才觉得一定要有钱。

——爱默生

《北京爱情故事》是一部关于青春、关于奋斗、关于爱情的戏，可给我留下最深印象的，却是一个戏份很少，而且与主旋律并不符合，极端不讨人喜欢的角色——杨紫曦。

杨紫曦是一个有梦想的女孩儿，她的梦想梦幻而美丽，曾经在无数天真浪漫的女孩儿心里存在过——开一家花店。不同的是，她最终实现了这个梦想。高富帅安迪给了她想要的一切，不仅是花店，还有充盈的物质、随便花钱的感觉。而这一切的代表，就是那满满一鞋柜的名鞋。

她对鞋的痴恋起源于小时候的一件事情。她曾经非常喜欢一双白色的鞋子，想让妈妈去给她买。妈妈答应她，只要她考进全班前三名，就给她买那双鞋子。于是她拼命学习，考了班里第一、年级第二，可妈妈依旧没有给她买那双鞋子。从此之后，她对鞋产生了一种痴恋，并一点点蔓延、膨胀，变成了一种对物质享受的疯狂痴迷。

当初那种想要而得不到的失落与空洞已经深深印在她的心里，她不敢相信吴狄的痴情，不敢相信爱情的美好。她对林夏说，只有面对那一双双价值不菲的鞋子，她心里才会有"安全感"。为了这所谓的安全感，她放弃了自己的爱情，出卖了肉体和灵魂，亲手毁掉了自己美好的未来。可短暂的充实过后，却是无限的空虚和落寞，还有无法控制的恐惧。

对物质的执迷，不过是因为内心深处强烈的不安全感，这并不完全是艺术的杜撰。毕淑敏曾经写过一个买丝巾的女人。因为小时候弄丢了妈妈心爱的丝巾，经历过深刻的恐惧与自责，长大只能通过不断地买丝巾来寻找心理安慰，越买越止不住，自己戴不过来就送给别人，送出去之后又忍不住再买新的……直到被点到心事，经过一番倾诉，才意识到自己的心魔，从此慢慢解开心结，买丝巾的冲动也渐渐止住。

俗话说，"家有黄金万两，不过一日三餐，家有良田万顷，不过只睡三尺宽的床。"其实，一个人需要的物品是极其有限的，一直想得到更多，无非是想要填补内心的不满足。杨紫曦式的买鞋成瘾也好，葛朗台式的爱财如命也罢，抑或野心家对权力的狂热，痴迷游戏的人对虚拟数字和排名的执着，与其说是一种追求，倒不如说是一种捆绑。

之前，《非诚勿扰》某位女嘉宾的一句"宁愿坐在宝马车里哭，也不愿坐在自行车上笑"，红遍了网络。越来越激烈的竞争，眼花缭乱的物质诱惑，时时刻刻撩拨着人心。对大多数人来说，在利益面前坚持原则，取之有道，已经是最问心无愧的选择了。放下对金钱和名誉的执着，去追求梦想和自由，看似并不是一件容易的事情。

大多数人的兴趣是集中于物质本身的。这并不是我们的错，对于我们来说，物质是最直观的，是直接可以触摸到的，也是人的生存中最迫切需要的。住的房子、吃的食物、穿的衣服，我们每时每刻都离不开。更何况，我们生活在一个不断产生着新东西的社会里，商业广告、社会舆论无时不刻不在撩拨着我们的神经，吸引我们去搜寻、占有我们本来不需要的东西。

在《断舍离》里，山下英子曾经举过一个例子，有一次，她在她独居的母亲家的冰箱里，发现了促销活动时买下的一管特大号的商务用蛋黄酱：

……这真让我吓了一大跳。那管蛋黄酱实在是太大了，怎么想都觉得我母亲根本吃不完，而且还过了保质期，颜色都变黄了。问她："为什么要买这么大一管啊？"她只回了一句话："因为便宜。"我猜也是这么一回事。这种大号蛋黄酱原本要500日元，结果打折只卖350日元，而母亲经常买的那种她自己能吃完的普通大小的蛋黄酱要卖 300 日元，这种 300 日元的蛋黄酱不打折，还是原价。遇到这种情况，我们只会觉得大号蛋黄酱"便宜了 150 块"，买这个自己就捡了大便宜，而根本不会比较 300 日元和 350 日元的差异。要是买 300 日元的普通款，可是一分钱的便宜都捞不到，这是显而易见的。可结果就是这种大号的根本就吃不完，白白损失了 50 日元。

类似的事情一直在我们身边发生着，超市的囤货、网购的凑单，表面上省了钱，实际上却经常是花了更多的钱，买了一些用不着的东西回家。在我看来，这种购物方式只是一个缩影，很多时候，我们都在被自己不需要的东西分散了精力，却忘记了自己真正需要的到底是什么。

从前有一位智者，他收了三个弟子，为了从这三个弟子中选出一个作为自己的继承人，他给他们出了一道考题。

智者给三个弟子每人一两银子，要他们用这一两银子去买任何他们能想到的东西，把买来的东西运到一个大仓库，想办法把仓库装满。

大弟子买来的是最便宜的稻草，结果连仓库的一半都没有装满。

二弟子买来蓬松的棉花，并且将棉包拆开，希望能多占些空间，但依然连仓库的三分之二都装不满。

最小的弟子没有运来任何货物，只是轻轻松松地走进仓库，将门窗牢牢关上，再把师父也请到仓库中。然后把大门关好。仓库里马上暗了下来，伸手不见五指。这时，最小的弟子从口袋里拿出一根一文钱买回来的火柴，点燃了一盏一文钱买回来的小油灯。霎时间油灯的光芒充满了整个仓库。

智者见了，微笑着点点头，把最小的弟子选为自己的继承人。

寻常人思考问题的时候，更容易局限于物质本身。而真正有智慧的人，可以跳出物质形式之外，他们的视野更加宽阔，对这个世界的认识也更加透彻。他们不会随波逐流，用物质来填补空白，而是选择用光明和温暖来填补黑暗。

有人说，"不想让物欲压垮生活，首先要修炼一颗强大的内心。"内心强大的人，他们知道如何摒弃世俗的喧嚣，不为物欲所惑，简简单单地过最适合自己的生活。

房子不必太大，够住就好；衣服不必太精致，自己喜欢、穿起来舒服就好；食物不必太讲究，健康营养就好；钱不必太多，够用就好。把时间和精力省下来，做一些能让自己开心的事情，或是尝试新的爱好，让生活更精彩一点，生活就会变得更加美好，我们的心也会更加强大！

第 二 章

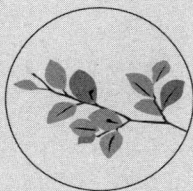

女人最美的容颜，是时光雕刻在脸上的从容

健康才是最美的容颜

世界上没有任何一件衣裳能比健康的皮肤和发达的肌肉更美丽。

——马雅可夫斯基

女人的健康状况是会写在脸上的。香香甜甜地睡一觉，比最昂贵的保养品更能滋养容颜。

1. 睡眠

英国伦敦的一个睡眠学校曾做过一项实验，让一位 46 岁的女士分别连续 5 天保持每天 6 小时和每天 8 小时的睡眠之后，分别拍下她的面容。结果每天睡 6 小时的照片，比每天睡 8 小时的照片苍老了许多，皮肤发红，毛孔增大，而且下巴上还长了斑。

更可怕的是，熬夜的危害并不止于让人容颜憔悴。小娟是一名大学生，因为平时不怎么学习，每学期都是等到快期末考试了才突击背重点，考试之前一连好几天都在背书，每天只睡5小时。有一次考完试，她想出去逛街放松一下，结果在过马路时，一辆小汽车摁着喇叭急刹车，停在离她不到一米的地方，她竟浑然不觉，站在那里愣了一下才回过神儿来。她脑子一片混乱，不敢出门了，赶紧回宿舍补觉。

美丽端庄的女人，不刻意追求瘦身，反倒能找到自己本身所蕴藏的美丽。

2.体重

不少女人都动过减肥的心思，胖的想减，不算胖的也想减。各种减肥秘方、减肥用品充斥着我们的视线。可是，减肥，真的有那么重要吗？

张佳佳属于丰满型的美人，有点儿微胖，但体形很匀称。可是她对自己的身材一直很不满意，大学时曾经疯狂减肥，每天只吃一顿饭，而且量少得可怜，很快就瘦了20斤。身材看起来是苗条了，可很快胃病、头痛、不规律的例假、冰凉的手脚就开始找上门。她获得了想要的苗条，但失去了更宝贵的健康。

记得很久以前曾看过一部关于厌食症的电影。主人公是个爱美的女孩儿，为了不变胖，每次吃完饭都会偷偷地催吐，把食物吐出来，并逐渐形成了习惯。这个秘密成为了她的沉重负担，干扰了她的正常生活，破坏了她的健康，甚至影响到她的爱情。

后来，主人公遇到了一个跟她有相同秘密的女孩儿，两个人同病相怜，很快成为了朋友。有一天，主人公去那个朋友家里，推开门一看，朋友早已经独自一人死在家中。

朋友的死让主人公真正害怕起来，她及时采取了正确的措施，终于摆脱了这个噩梦，回归了正常生活。

电影是根据真人真事改编的，讲的是厌食症的危害。片尾处，故事的原型现身说法，是个美丽端庄的女人，她不再刻意追求瘦身，反倒找到了自己本身所蕴藏的美丽。

运动能够让女人身姿健美，精力充沛，心胸变得开阔，变得自信，面对工作、生活和爱情时都更加游刃有余。

3. 运动

公司领导让两个年轻的女员工——小 A 和小 B——共同进行一个项目。刚开始的时候，两个女孩儿都很卖力，认真分析情况，很快就交上了各自的方案。小 A 的方案比较细致具体，对各种可能发生的情况都做了分析和预测，得到了领导的赏识。

可是，隔了一段时间，情况就发生了变化。小 A 的状态一天不如一天，不仅工作进度慢了下来，工作的态度也渐渐懈怠，不再像一开始那样踌躇满志，而是每天都觉得累，浑身不舒服，一面对文件、资料就提不起劲来。

而小 B 则一直保持着一开始的干劲儿，方案也越来越完善，而且完成大量的工作之后依然思路清晰，在汇报工作的时候口齿清晰、思路明确。

最终，小 B 受到领导的肯定，成为项目的负责人。

大家心里都有些疑惑，之前明明小 A 表现出了比较高的业务能力，怎么就慢慢松懈下来，被小 B 后来居上呢？原来，虽然这两个女孩儿在工作的时候都一样埋头苦干，在工作之外，却是两种截然不同的状态。

小 A 每天结束工作之后，最热衷的娱乐就是点一份外卖，窝在沙发里一边享受美食一边看电视剧。看到该睡觉了，就躺在床上刷一会儿手机，直到觉得困了才放下睡觉。小 B 则常年保持着跑步和练瑜伽的习惯，每天都会进行一定量的体育锻炼，喜欢做饭、收拾屋子，而不是一直待着不动。

项目进行了一段时间之后，小 A 的体力开始支撑不住，生了两次病，平时也总觉得没休息够，浑身不舒服，这样的身体状况也影响了工作。而小 B 则一直精力充沛，保持着最佳的工作状态，最终崭露头角。

运动和不运动的差别，在这两个女孩儿的对比中显而易见。

合理的运动能增强体质，还可以提高大脑的分析、判断和反应能力。运动让女人身姿健美，精力充沛；运动让女人亲近自然，心胸变得开阔；运动让女人变得自信，面对工作、生活和爱情时都更加游刃有余。

4. 简单生活

一个小男孩儿总是面黄肌瘦，整天无精打采，个子也长得很慢。他父亲觉得不对劲，带他去看医生。医生问他平时都吃些什么东西，父亲的回答是："没亏了他，都是些'精饲料'。"

医生仔细询问才知道，这个孩子平时吃的大都是各式各样的垃圾食品，正餐都用蛋糕之类的点心代替，喝的不是清水，而是各式各样的饮料。比起家常便饭和白开水来，这些东西价格高出很多，确实可以算"精饲料"了。可是对于孩子来讲，身体不能获得所需的营养，时间长了自然会出问题。

生命是个有趣的循环，机体从环境里摄取所需的物质和能量，而它自己释放的物质和能量，又被环境接纳和包容。环境是生命赖以存活的基础，我们从环境中摄取到的东西，决定了我们生命的质量。

洁净健康的饮食、新鲜的空气、纯棉的床单、干净的陶瓷杯和玻璃杯、健康环保的家具，不仅避免了有毒有害物质对身体的损害，而且也让我们的生活更加舒适。纸书虽然占地方，但是阅读起来比电子屏幕要舒服得多。平底的鞋子也许没有高跟鞋那般魅力，但对双脚而言，它才是更明智的选择。凡此种种，数不胜数。

人最宝贵的是生命，而生命最重要的是健康。健康的女人不一定天生丽质，但她们身上必然有一种最美丽的光彩。那是旺盛的生命力所释放的能量，是一颗懂得珍爱生命的心散发的光辉。这才是真正的美，这才是女人最好的容颜。

你的状态全都写在脸上

　　要使别人喜欢你，首先你得改变对人的态度，把精神放得轻松一点，表情自然，笑容可掬，这样别人就会对你产生喜爱的感觉了。

——卡耐基

　　有一位商人说，他跟人谈生意的时候，喜欢跟对方吃一顿饭，双方都带上自己的家人。他的目的是观察对方与家人的相处模式，如果对方家庭关系融洽，知道关心家人、体贴家人，那么他就会比较愿意跟对方合作。反之，如果对方对妻子毫不用心，夫妻之间关系冷漠，那么他是绝对不会跟这样的人做生意的。他认为，对自己最亲密的人都不用心的人，肯定是靠不住的。

　　有一次，他遇到这样一个人。饭桌上，这个人不停地为妻子夹菜，嘘寒问暖，好不体贴。可仔细观察那位妻子，却发现她面色有些憔悴，虽然化了妆，但还是很显老，虽然脸上时不时会出现笑容，但那笑容细看起来却很勉强，而且跟她丈夫也没什么眼神交流。饭局结束之后，商人停止了正在商讨的合作项目，转而寻找其他的合作对象，决定从此以后不再和那个人合作。

果然，商人后来了解到，那个人和妻子的关系并不融洽。饭局上表现出来的恩爱，只不过是为了促成生意而逢场作戏。很多时候，人都会掩饰他真实的情绪，或是用言语，或是用行动，或是用虚假的表情。可即使伪装得再完美，内心的真实状态也会不知不觉地在脸上反应出来，藏也藏不住。

我的一个男性朋友，之前一直是一个比较悲观的人，脸上也一直带着一种淡漠、绝望的表情。可最近一两年，我渐渐发现他开始变了，虽然长相还是原来的样子，可给人的感觉就是不一样，不光我察觉到了他的变化，有好几个女孩儿说他变帅了。原来，几个月前，他跟他心爱的女孩儿确定了关系，女孩儿对他很好。甜蜜的恋爱让他脸上的笑容多了起来，一扫以往的阴郁，显露出俊朗的神采。

俗话说，"入门休问荣枯事，观看容颜便得知。"我们都有这样的经验，到一个地方去，一进门就能感觉到里面的气氛，从这种气氛里，可以大致猜测出这个地方正在发生的事情是愉快的还是悲伤的。在我们刚刚认识一个人时，就可以通过观察他的脸，大致了解到他长期的心理状态。这种事情很难解释，但却是真实存在的。

科学研究证明，坏心情会让人变丑。比如发怒，人在发怒的时候，血液会大量涌向头部，而且这时血液中的氧含量变少，游离脂肪酸等毒素增多，这些毒素对皮肤有刺激作用，会引起毛囊周围不同程度的炎症，如果炎症反复发作，就会产生色斑等一系列皮肤问题，使人容颜憔悴，眼睛浮肿，还会产生皱纹。并且，发怒会对人的身体系统产生严重的干扰，造成内分泌失调，在对心理造成不良影响的同时，也会使人的面部表情发生错位。愤怒的表情反复出现，人的容貌也会发生变化，"愤怒"会逐渐刻在脸上，人也就变得越来越丑。

压力也会对容貌造成影响，长雀斑就是其中之一。长期处于压力之下，人的身体会不堪重负、疲劳至极，而皮肤也会受到影响。人在受到压力时会分泌肾上腺素，如果这种状况一直持续，人的生理平衡就会紊乱，皮肤需要的营养得不到充足供应，雀斑等问题就会产生。

而愉快的心情会让人变得更好看。笑有益于身心健康，不仅可以增加肺部的呼吸功能，清洁呼吸道，放松肌肉，消除神经紧张，改善身体状况，还能抒发正面的情感，驱散负面情绪，帮助人们克服羞怯、愁苦，让人能更加乐观地面对生活。

有人说，人的外貌，30岁之前是父母给的，30岁以后是自己修的。人的相貌在一生中有很大的改变，有些人年轻的时候好看，可年纪大了以后，样子就变了，或憔悴或愁苦，甚至看上去凶巴巴的。而有些人相貌普通，却越长越顺眼，越长越耐看，到老的时候反倒生出一种岁月沉淀的韵味。

一个人长期的精神状态，会在他的容貌上体现出来。

林肯说，40 岁以后的人，要对自己的长相负责。他曾经只看了一眼就辞退了一位应聘者，只因为不喜欢那个人的长相。有人问他为什么，他说："一个人 40 岁以前的脸是父母决定的，但 40 岁以后的脸应是自己决定的。一个人要为自己 40 岁以后的长相负责。"

说到这里，也许有人会说："那还不简单，多笑不就可以了吗？"

很遗憾，不行。

故意做出来的假笑并没有这么神奇的功效，只有由衷的快乐，才是美化容颜的妙方。毕淑敏的一篇文章里，提到一个无时无刻不在微笑的男人。因为年幼时寄人篱下，处处受欺负，他为了少受责骂，练出了无论遇到什么情况都保持微笑的本领。就连在心理咨询室里，他讲述着他是如何发现妻子和好友背着他苟且，脸上也是带着微笑的。然而这种笑并没有给他带来幸福，身边的人看到他的笑容，就自然而然地认为他很开心，然而他内心真实的情感，他的痛苦和委屈，却无法向任何人传达。这使他背负了沉重的心理负担，也造成了别人对他的误解。

表情是进化给人的一种本能，是人与人之间得以相互理解、相互沟通的一种必要条件。刻意做出的表情可以骗过别人，但绝对骗不过自己。

也许我们可以用虚伪的表情、昂贵的化妆品来修饰面容，但营造出来的不过是一个假象。不如先好好安排自己的生活，清理一下情绪。

前不久，一个朋友给我发来一张她没有经过美颜的自拍照。照片上的她皮肤比以前细腻了好多，跟从前那个满脸痘痘、皮肤粗糙的女孩儿简直不是同一个人。她曾经为了考研奋斗了两年，毕业之前考过一次，落榜了。毕业后工作了几个月，然后辞职继续考。可两次都没有成功。她跟我说："其实就是瞎折腾，人坐在自习室里，心却不在。书看不下去就着急，着急就更看不下去了，憋得满脸都是痘痘。吃不好睡不好，能考上才怪。"第二次落榜以后，她找到一份合适的工作，开始了踏踏实实的新生活。那些焦虑应该从她心里消失了，从她的脸上，我能看得出来。

从内而外的安宁和愉悦会在脸上洋溢出光彩，那是比任何的妆容都要美丽的。正视自己，有想要抛却的烦恼，就想办法解决；有想要追寻的快乐，就勇敢去寻找。在你慢慢懂得如何排解负能量，开开心心度过每一天的时候，你就会发现——你本来就很美丽！

美貌骄傲一时，自信优雅一生

能够使我飘浮于人生的泥沼中而不致陷污的，是我的信心。

——但丁

俗话说"宝剑锋从磨砺出，梅花香自苦寒来。""梅花"要有香也需要自信，相信即使生长环境不好，只要努力，一样能开出美丽的"梅花"，散发属于"梅花"的香气。女人也一样，也要发挥出自己独有的"香气"。

自信的女人也许不完美，但她会以更加乐观的姿态面对生活。

有一个叫珍妮的小姑娘，因为觉得自己长得不够漂亮，总是爱低着头走路。有一天，她从饰品店买了一只蝴蝶结，店主不停地赞美她戴上蝴蝶结很漂亮。珍妮虽然不相信，心里却很开心，不由得昂起了头，想让大家都看一看，结果出门时一不注意，跟旁边的人撞了一下。

珍妮走进教室，老师见了，微笑着对她说："珍妮，你昂起头来真美！"

那天，珍妮得到了许多赞美。她想，一定是因为头上那只漂亮的蝴蝶结，可一照镜子，才发现蝴蝶结已经不见了，应该是从饰品店出来与人相撞时撞丢了。

珍妮丢失了蝴蝶结，却从此找回了自信，也让大家发现了她一直隐藏着的美。那是一种发自内心的自信，让原本平淡无奇的面孔绽放出光彩。

自信是一种神奇的"化妆品"，有自信的女人不一定年轻漂亮，但她的笑容却可以征服众人。而当一个女人失去了自信，在自卑中躲闪别人目光的时候，她原本的美丽也会大打折扣。

小萍是一个普通的办公室文员，拿着不多的工资，除了相貌还算清秀，没有什么过人之处。而她的男友是博士，有一份不错的工作，家里是做生意的，非常富有。收到男友送的东西时，小萍经常会去查价钱，可是每次看着查到的价格，对比着自己的工资，都会让她觉得心里很难受。

终于有一天，她受不了了，跟男友提了分手，说两个人经济条件差太多，他应该找一个门当户对的女人。可对方不同意，说："我不在乎你是不是有钱，我在乎的是你这个人。之前我也和其他几个女孩儿交往过，可她们要不就是太看重钱，要不就是太娇贵。只有你不一样，你只是单纯地喜欢我，我也是单纯地喜欢你，这就够了。"听了男友的话，小萍不好再说什么，两个人和好如初。可小萍心里还是堵着块疙瘩，总觉得自己配不上男友。只要一发现男友跟比较优秀的女孩儿有过接触，就觉得那个女孩儿才更适合他，自己在一旁暗暗难过。

男友觉察到小萍的情绪，心里也觉得很委屈。两个人各怀心事，久而久之，隔阂越来越大，最后还是分了手。

索菲亚·罗兰说："一个缺乏自信心的女人，永远不会有吸引人的美，没有一种力量能比自信更能使女人美丽。"世界上没有生下来就十全十美的女人。若是把注意力都集中在自己的缺点上，自惭形秽，畏畏缩缩，消极悲观，就算长得不错，也不会让人心动。

大三的时候，同宿舍的小雨和娟娟一起准备考研。小雨每天早上 7 点准时出现在自习室，晚上 10 点半才离开，除了上课之外所有的时间都用来复习，只有看书看得太累的时候才会离开教室出去透透气。娟娟一开始的时候也学得很认真，慢慢就开始懈怠起来，虽然人在自习室，可玩儿手机和走神的时间比看书的时间还多。小雨见她状态不好，就督促她抓紧时间，好好学习。娟娟却说："我也想学习啊，可现在越学越没劲了。咱们这种烂二本出来的，怎么跟人家重点大学的比。再说还有本校的，人家考试之前老师都会给划重点的，谁像咱们，什么都没有，怎么考嘛！"

后来，小雨又劝了两次，可没见有什么效果，也只好由着娟娟去了。

第一次考试，两个人的成绩都不理想。娟娟放弃了考研，回老家找了一份销售的工作。小雨又花了一年的时间复习，二战告捷，考上了理想的学校。

有一次提起娟娟，小雨说："其实她并不差，要是好好学，也是能考上的。关键是她没有信心，要是自己从心里就觉得自己考不上，又怎么有动力去拼，又怎么能成功呢？"

有人说，"有志者自有千计万计，无志者只感千难万难。"心中有做成一件事的信心，朝着目标去努力，才会有成功的可能。若是事情还没有完成，就抱着必定失败的想法，那就注定什么也做不成了。

自信才是女人最宝贵的资本，自信的女人敢于尝试，会获得更宽阔的视野，眼界和能力都得到提升。当面对困难的时候，自信会支撑她一路向前，坚定自己的信念，将一件事坚持到底。

身为台湾地区人气最旺的女人，林志玲曾在接受媒体采访的时候说，自己也经常有不自信的时候："我有的时候也会觉得没有别人漂亮，没有别人有个性，没有别人高，因此就对自己打个问号，问自己是不是有太多的地方需要加强。但是我后来发现女人千万不能不自信。信心和安全感不是别人能够给你的，一定要靠自己。所以后来想想自己也有自己的特质，不用羡慕别人。"

林志玲说希望自己能够为 30 岁的女人树立一个自信的好榜样，"你看，我这样的年纪有这么多的机遇，也是自己从来没有想到过的。所以希望通过我，让大家看到 30 岁的女人也可以有很多机会，更有自信。"

俗话说，"穷养儿富养女"。在我看来，"富养"的真正意义，是培养女孩儿的自信，帮助她认清自己的价值。在物质方面开阔她的眼界，在精神方面丰富她的思想，让她能够认识这个多彩的世界，形成自己独立的思想，明白自己想要的究竟是什么，不认命，不屈就。

其实，女人的自信很简单，就是千万不要看轻自己，不能因为自己出身比别人低，或者某方面条件不如别人，就自轻自贱。女人一定要自爱，只有自爱才能有自信。

自信的女人有一种独特的美丽，她们以主动的姿态对待人生，面对机遇和挑战时，能积极地把握自己的命运。人生对她们而言，是一场没有终点的旅途，每时每刻都在发现新的风景。她们能够清醒地认识自己，既不骄傲自满，也不自怨自艾，而是发挥优势，取长补短，努力让自己过得更好，用实实在在的奋斗，去争取一片属于自己的天空。

如果你想做个美丽女人，那么，请扬起你自信的头颅吧，让自信的微笑时常挂在你的嘴角，相信无论何时何地，你都会成为最美丽动人的女人，成为生活的主角。女人可以长得不漂亮，地位不高贵，可以生活不太富裕，学识可以不算渊博……但是，女人不能失去自信。因为，女人有充分的理由可以自信：我们不漂亮但我们健康；我们不高贵但我们快乐；我们不富裕但我们知足；我们的学识不渊博但我们一直没有放弃努力……

女人，让你的脸上显露出自信的笑容吧，这自信的笑容会让你更加美丽！

有智慧的女人，都自带光芒

> 我爱有某种丑的美，我爱优雅曼妙的风姿，我爱胜过滔滔雄辩的沉默。我宁可一天十次看到丑。只要其中有闪光、新意和智慧，而不愿在一个月里看见一次灵魂空虚的渺小的美。
>
> ——雷哈尼

怎样成为一个有智慧的女人呢？

要是把这个问题拿到网上去搜索，可以得到各种各样的答案，可点开来看，令人满意的却少之又少。有说要注意仪表的，有说要规范行为举止的，有说要温柔体贴、善解人意的，有说要多读书、多旅行、多长见识的。各有各的道理，细想起来，那些内容跟"智慧"放在一起来谈，总觉得有些牵强。

在种种关于智慧的论述中，最能说到我心里的，是下面的这两段对话：

"你心目中的智慧女性是怎样的？你是用怎样智慧的
方式平衡自己生活的呢？"

"我觉得自己还不够资格称为智慧女性，我也有糟
糕的烦恼，我理解的智慧女性是能够很好驾驭自己的人，
我能做到的就是很好地吃饭很好地睡觉。现在有很多人
都会失眠，是因为生活不规律，想得过多，追求得多，
让自己心理超负荷，这都不是智慧的生活，我理解智慧
生活是会取舍，少一点没有关系，做好自己可以驾驭的
那部分就好。"

这段对话来自同一次采访，问话者是一名记者，回答者是
演员孙俪。

孙俪是有资格说这样话的，她不仅是一位成功的实力派女
演员，而且爱情之路一帆风顺，二十岁出头遇到真爱，三十岁
之前结婚生子。事业成功，家庭和睦，更可贵的是没有乱七八
糟的炒作和绯闻。这样的女人，无疑是一位人生赢家，而她的
奋斗历程，也无处不体现出智慧的味道。

智慧到底是什么？有人说，智慧就像是跷跷板，永恒的最
高点，就在它中间的平衡点上。智慧是一种平衡，并不是针对
某一具体事项的，它更像是一种面对整个世界的姿态。

南怀瑾说："智慧是什么？是离一切心理上的染污，唯识

学心所上的染污都离开了，心中明净。这明净不是理论，是功夫，内外光明清净。这个时候，真正的智慧不思而得，不勉而中，发动了。"智慧是抛却偏见之后，在平和的心态下，对整个世界的感知。"沧浪之水清兮，可以濯吾缨；沧浪之水浊兮，可以濯吾足。"有了这种感知的人，便可以对世间的人和事有一份更为透彻的理解，活得也更加潇洒自在。

按照这种说法，女人是更接近智慧的。因为女人的心更加平静，与男人相比，她们能够用更平和的态度去感知，对事对物的态度也更容易变通。但事实上，从古至今，女人的视线大多都集中在很小的事情上，比如柴米油盐、化妆、穿衣、婚姻、孩子，这是女人最致命的弱点。

1985 年 11 月美苏高层会议，白宫幕僚长黎根对女人发起了牢骚，他说世界上的女人只会注意里根和戈尔巴乔夫两位总统的夫人穿了什么衣服，怎么打扮，却对这个关系全人类存亡的大会议本身并不关心。专栏作家杨子也在题为《她们何以不谈限武》的文章里表示，两位总统夫人都是知识分子，她们的丈夫身系天下安危，她们应该多谈谈核弹限武的事情，也许会经由内线对她们的丈夫产生影响，促进整个会谈的进展。

黎根的批评引起了美国女性的抗议，要求黎根道歉，甚至发展到需要里根总统来平息风波。可这种抗议本身却更需要反省——在一件事情发生时，很多情况下女人的第一反应不是去发现问题、解决问题，而是烦恼、激动、埋怨，"怎么可以这样"，"真倒霉"，"我的命好苦"。可运气为什么不好，命运为什么不济，她们却没有好好想过。

这种狭隘的眼光，自然是和智慧沾不上边的。有智慧的女人，懂得怎么认识这个世界，懂得怎样把握自己的人生。

林语堂在《京华烟云》里，通过对姚木兰的刻画，告诉了我们有智慧的女人究竟是什么样子。她继承了父亲的道家思想，拥有逍遥、自由的人生姿态，追求理想而不强求。在小说中，木兰与丈夫青梅竹马，恩恩爱爱，即使夫妻之间出现一些摩擦，木兰也能主动协调化解，用她的聪慧调整夫妻间的关系。

然而他们的感情还是出现了危机，曾荪亚与曹丽华一见钟情。细心的木兰很快察觉，她满怀同情地写信给曹丽华，劝她"挥利剑、斩情网，断情丝"。面对丈夫的背叛，她用她的善良、豁达、睿智化解了一切。

更为难能可贵的是，她的智慧并不局限于婚姻。她热爱生活，善于发现平淡生活中的乐趣。她博学多才，懂得甲骨、文玩，擅长吟诗作画，还懂中医。她深受传统文化的熏陶，同时又不排斥新学，不拘泥于旧道德，以开明的态度迎接新的时代。她对她所处的世界有一个清醒的认识，同时也知道该怎样好好地活下去，所以虽然她的一生经历了种种波折，但最终有一个比较圆满的结局。

智慧是女人最美的姿态。这种美来源于人的内在，超越青春，长久不衰。有智慧的女人知道如何快乐，也知道如何化解不和谐；懂得顺其自然，也懂得努力争取；懂得知足，也懂得进步。她们身上有一种难以言说的气度，因为她们的内心是平静而充实的。

就像在前面提到的那次采访中，孙俪曾说过的：

"寻找属于自己的美，让自己舒服的状态，美的东西很多，但不是所有的美都属于你。让自己能够身心接受，能让自己驾驭的，自己诠释出来舒服的状态，对方也觉得美。

第 三 章

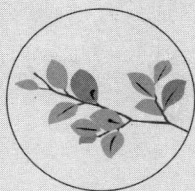

有从容，才优雅

心中没纷扰，优雅自然来

> 宠辱不惊，看庭前花开花落；去留无意，望天上云卷云舒。
>
> ——陈继儒《小窗幽记》

"优雅"这个词，应该是对女人最高的评价吧。它是一种由内而外的美，不经意间的流露，就能让人迷醉。优雅的女人像纯净的晴空，像山间的雾霭，宁静却不单调。她们总是那么悠闲自在，永远不会火冒三丈或是喋喋不休。她们的衣着虽不奢华，却总能在简单的搭配中折射出美感。她们的辞藻不一定华丽，却总是合宜而暖心。

我喜欢优雅的女人，也想成为优雅的女人，我相信大部分女人都向往着能拥有优雅的气质。但优雅到底是什么，又如何做到优雅？

优雅不是外貌的秀丽。优雅的女人并不一定漂亮，但总能让人赏心悦目，绝不是那些浓妆艳抹的庸脂俗粉。优雅不是富贵，优雅的女人不一定出身名门，但她们端庄而不造作，妩媚又不失体统，绝不是刁蛮任性、惺惺作态的娇小姐。高贵不是才华，优雅的女人不一定满腹经纶、才艺高超，但举手投足都散发着优雅的气质和成熟的美，绝不是粗俗幼稚、疯疯癫癫的俗人。

优雅究竟是什么？

也许，亦舒的这句话可以给我们一点提示："真正有气质的淑女，从不炫耀她所拥有的一切，她不告诉别人她读过什么书，去过什么地方，有多少件衣裳，买过什么珠宝，因为她没有自卑感。"

脑海中忽然浮现起杨绛先生的形象，历经一个世纪的风风雨雨，丈夫和女儿都已离世，却依旧从容淡然。又想到林徽因女士，在诗人徐志摩热烈浪漫的爱情攻势下，依然保持着冷静的头脑，为自己选择了最合适的归宿。

有人说，优雅是一种内在修养与品位在气质上的外化，是一个综合素质达到一定境界后的自然体现。这是很有道理的。有好多人都向往优雅，或用高档的衣饰来修饰自己，或用书籍或文玩来显示博学，或故作深沉、孤芳自赏，或扭扭捏捏、装腔作势。这样的"优雅"太过做作，很多时候并不招人喜欢。

很多女人表面上温柔和顺、弱不禁风，可一旦遇到事情，就焦急烦躁，内心起伏不定。尤其在对待婚姻和恋爱时更易胡思乱想，一刻也不能平静；对待外人的时候往往能态度温和地以礼相待，可与人起冲突时马上就变了面孔，咄咄逼人，对待自己的亲人和爱人更是缺乏耐心。这样的女人，即使读过再多的书，掌握了再多的礼仪和谈话技巧，也谈不上优雅。

读王安忆的《流逝》时，我曾被主人公欧阳端丽深深感动。她本是一个受过高等教育的资产阶级少奶奶，过着富足安逸的生活。然而，时代的动荡打破了生活的平静，苦难来临，房被封，家被抄。她和她的家人一下子从天堂跌到地狱，只能战战兢兢地过日子。在那个动乱的时代，她饱尝了人生的艰辛。一家9口人要靠一百来块钱过日子，她精打细算，从买菜做饭学起，操持着一家人的柴米油盐。戴着"资本家的帽子"在人前抬不起头，她逆来顺受，委曲求全。

给人带孩子，进生产组做工，在新的环境中，她从一个养尊处优的少奶奶，变成勤劳能干的劳动妇女。后来，国家落实政策，家产失而复得，她又恢复了过去令人艳羡的富贵。

她也许算不上理想中的完美女人，在面对人生起伏的时候，有痛苦，有挣扎，有遗憾，并没有超然物外，冷漠淡然。我所欣赏的是，无论人生的境遇如何变化，她都能从生活中得到成长。在辛苦的劳作中，温顺、懒散的她变得勤劳、坚强；当财富失而复得，荣华富贵再次来临，她并没沉溺于享受，而是留恋过去的苦日子。

在人生的起伏动荡中，她已悟出了生活最简单和真实的目的——吃饭，穿衣，睡觉。领悟的过程经历了种种挣扎，结果却真真切切、实实在在。

优雅的女人，就应该是这个样子吧。如幽雅的兰花，能在厅堂中彰显富贵，也能在小巷里安于平淡。无论环境如何，都能绽放自己的美丽。这样的女人，面对花花世界的纷扰，心中安定了然，自然能够平心静气地对待身边的人和事。面对财富、名誉、权力，不贪婪，不苟求。

优雅的女人，她的心胸必然宽广，如海洋，可以容纳百川。面对阴谋、算计、毁谤、误解，心胸狭窄的女人往往斤斤计较，耿耿于怀，费尽心机维护一己私利，却往往招来更多的是非。而优雅的女人则能宽容对待，在是非面前保持气度，同时又能坚守自己的原则，不随波逐流。

我们生活的这个年代，社会的风气偏于浮躁，经济快速发展，科技飞快进步，人们的生活节奏也越来越紧张。在日益丰富的物质条件下，我们身边并不缺乏漂亮的女人，在修饰外表的同时，也没有忘了对自己内心的修炼。

曾经在工作中接触过一位女主管，一头长发梳成一个简单的发髻，衣着整齐，与人谈话时温文尔雅，丰富的知识、独到的见解总是能让人折服。即使与别人的意见不一致，甚至有人跟她争论时，她也会先认真倾听对方的意见，再细致地阐述自己的观点。

与优雅的女人相处是一种幸运，她的平和能够平复身边的人烦躁的情绪，让沟通的过程更加顺畅，也更加愉快。男人从优雅的女人那里得到温柔的滋润，这种滋润是一个男人成长中必不可少的养分；而女人，也可以从优雅的女人那里得到善意和友爱，让自己变得更好。

优雅的女人不在乎功名利禄，她们以一份平和的心境面对世俗、面对诱惑，面对人生的坎坷崎岖。她们的内心必然是平静的。

心中没有纷扰，才能倾听大自然的风声雨声、鸟叫虫鸣，洞悉人世间的是非得失、悲欢离合。体察万物活动变化，洞悉世间百态。总之，能善观其变，未雨绸缪，自然能遇事不乱，泰然处之。

优雅始于得体的仪态

举止是映照每个人自身形象的镜子。

——歌德

老布什能够成为美国总统，与他的仪态是分不开的。

在他参加 1988 年的总统选举时，对手杜卡基斯曾对他进行猛烈抨击，说他没有独立的政见，是里根的影子。而且，民意测验的结果也并不乐观，老布什的支持率比杜卡基斯落后十多个百分点。

然而，两个月以后，老布什却一下子扭转了颓势，民众支持率反而领先了十几个百分点。

局面的转变与老布什的形象有着密切的关联。

之前，老布什的演讲表现不太好。嗓音尖细，肢体动作总给人一种死板的感觉。后来，他在专家的指导下，纠正了嗓音和动作，结果形象得到了很大的改善。之后，他表现出了强烈的自我意识，在穿着上也开始用心，以蓝色卡其布裤子、厚衬衫的搭配塑造了"平民化"的形象，改变了人们对他的看法，赢得了最终的胜利。

有这么一个说法，如果你不能在7秒钟之内打动别人，也许就需要花7年的时间来向他们证明你的优秀。就好比货架上的商品，虽然最重要的是性价比，但在决定它能否在第一时间吸引人们注意力的，一定是货架陈列和包装。人也一样，良好的第一印象，往往会带来出人意料的惊喜。

一个人的形象，不仅取决于相貌、身材以及身上的衣服、首饰，也与他的举止、言谈、神态、动作等各个方面表现出来的仪态密切相关。而这种外表之外的仪态，我们称之为"气质"。好的气质往往比漂亮的外表更加具有吸引力，正如培根所说："形体之美胜于颜色之美，而优雅的行为之美又胜于形体之美。"

乔布斯与妻子劳伦·鲍威尔的相识是一次偶然。当时乔布斯在斯坦福商学院作演讲，而劳伦只是因为要陪朋友，才去听了那次讲座。在上台演讲之前，乔布斯恰好坐到了劳伦的旁边，被她优雅的形象深深吸引。两个人从此相识，相恋，组建家庭，成为最适合的"灵魂伴侣"。

有人说，如果劳伦没有考上斯坦福商学院的研究生，她就没有机会认识乔布斯。这话说得确实有道理，但是还有一点，如果她只是一个粗枝大叶、不修边幅的路人甲，即使去参加了讲座，也无法引起乔布斯这个完美主义者的注意。

亦舒曾说："活着，要紧的是姿态好看，如果姿态不好看，那么，赢了也等于输。"因此，她小说里的女人，都是体体面面的，人前人后，无论输赢、贫富、开朗或犹豫，始终保持着良好的仪态。所以，她吸引了千千万万的读者，满足了各个阶层、各个年龄段的人们对美的追求与向往。

一个女人，她的五官和身材不一定完美，但得体的仪态可以让她拥有与众不同的气质。外表的美只能算是先天的优势，而仪态，体现的是后天的修为。

我曾亲眼见证过一位大学同学的转变，四年的时间，从短发、黑框眼镜、又黑又壮的女汉子，变成一个端庄稳重的成熟女人。虽然仍不是女神，但已经魅力十足，毕业之后进入职场，经常吸引到一些优秀男士欣赏的目光。

在这一系列的转变之中，她也付出了很多辛苦。

先从改变饮食习惯做起，戒掉了从小钟爱的高热量垃圾食品，吃饭时也一改往日胡吃海塞的姿态，开始学着细嚼慢咽。这种转变是很痛苦的，一开始她曾有过动摇，但依然咬牙坚持了下来。

不知过了多久，这种改变有了效果，她的体重开始下降。与此同时，因为有意的纠正和控制，她驼背的毛病也得到了纠正。

然后是锻炼身体，每天早起跑步半小时，饭后散散步，而不是像以前一样吃饱就卧，窝在床上享受人生。再到后来，她开始学健身操，读书的习惯也培养了起来。

　　渐渐地，她开始变了，腰背直了起来，行为举止不再大大咧咧，说话不再随随便便，不知不觉间，人缘好了很多。她一天比一天自信，交友圈子也开始扩大，慢慢成了老师同学眼中的红人。

　　没有丑女人，只有懒女人。与相貌不同，仪态是可以后天塑造的，其实它来自生活中的种种细节。有些女人大大咧咧、随随便便，而有些女人则活得很精致，得体的衣着打扮，合宜的言谈举止，随时注意自己的形象，保持良好的风度。我们在羡慕别人的同时，也应该尝试一下改变自己，从最简单的事情做起，就能收获最大的惊喜。

　　最重要的是站立、坐卧、走路的姿态。站着歪七扭八，坐下抓耳挠腮，小动作不断的人，通常会给人心浮气躁、不稳重、不成熟的印象。站有站相，坐有坐相，不仅关乎仪态，影响交际，也与身体健康密切相关。

　　很多仪态端庄的女人都会时刻保持优雅的站姿，身体挺直，头不垂，胸不含，背不驼，肩不耸，身体舒展，亭亭玉立。而坐下的时候，更能考验一个人的行为习惯。坐着的时候人是放松的，很容易全身松懈，弯腰驼背，看起来懒懒散散，没有精神。而端庄秀丽的坐姿则是挺直端正的，起坐稳当，自然大方。优美的走姿也是必不可少的，矫健轻快、从容不迫的步态有一种独特的美感，拖拖沓沓和火急火燎都是不可取的，此外还要注意走路的姿势，养成正确走路的习惯。

　　除此之外，还要重视各种细节，比如眼神、表情、动作，等等。不必过于做作，但要学会用恰当的表情和动作表示自己的感受，也要学会理解别人的表情和肢体语言所表达的含义，让沟通更加顺畅。

最后，良好的仪态不仅仅是外在的行为举止，更是一个人的知识层次、素养、心理状态的直观体现。仪态的塑造不仅是行为举止的规范，更是对性格、内涵、学识等方面的整体塑造。聪明的女人懂得丰富自己的内在，多读书，培养适合自己的兴趣爱好，更重要的，是学会品味生活，从日常的点点滴滴中悟出自己的心得。

仪态端庄的女人不一定优雅，但仪态是优雅的起点。一个人的行为习惯会随着时间的积累，潜移默化，成为一种自然的状态，成为她独一无二的气质。仪态的塑造是一种修为，是对内心的梳理与净化，这种塑造需要时间的积淀，需要持之以恒。

女人的精致源于内心的从容

　　有些人认为奢华的反面词是贫穷，但其实不是，奢华的反义词是粗俗。

——可可·香奈儿

　　一组女民工日常打扮与化妆后的对比照曾在网上引起一阵轰动。为了生计，这些女人每天从事着繁重的劳动，着装方面连干净整洁都无法保证，她们看上去粗糙而憔悴，混在人群中并不起眼。可画上精致的妆容，经过摄影师的造型之后，她们显现出一种连她们自己都想不到的高贵与美丽。

　　美并不限于贫富，在艰苦生活中挣扎的女人，也有着她独特的美。也许由于生活的烦扰，这种美没有机会体现出来，但一经发掘，就足以让世人惊艳。

　　Sophie Tucker 说：女人从出生到 18 岁，需要好的家庭与回忆；18 到 35 岁，需要好的容颜与身体；35 到 55 岁，需要好的个性；55 岁以后，需要好的时光。

生活不会尽如人意，但用心、用爱，去经营，去维护，总会收获美好。

陈丹燕的《上海金枝玉叶》里，记录了这样一个女人：

一个大户人家的小姐，50 岁那年，生活陷入了低谷。她被人从大宅子里赶出去，搬到一个只有 7 平方米的亭子间。为了活下去，不得不干起了农活儿，还有剥大白菜、刷马桶之类的脏活儿累活儿。在长期的劳作中，她的十指变了形，却仍保持着灵巧，她可以在黑暗狭窄的楼道里用煤球炉子和铝饭盒蒸圣彼得堡风味的蛋糕。当肯尼迪的遗孀探知她的劳改情况时，她说："劳动有利于我保持体形，不在那时急剧发胖。"

精致的女人是一朵高洁的莲花，"出淤泥而不染，濯清涟而不妖"，无论是晴空万里还是阴雨连绵，都亭亭玉立，盛放出自己独特的光彩。

曾在不止一篇文章里读到这样一个故事——因为父亲喜欢往母亲养的兰花里弹烟灰，多次劝阻无效，母亲坚决地离了婚。

文中的母亲是那种"下楼倒垃圾也要穿戴整齐的精致女人"，跟一个不爱洗澡、吃饭狼吞虎咽、衣服袜子到处乱扔的男人一起生活，在日复一日的摩擦中，领悟到一辈子太长，终于决定放手。

作为一个热爱生活的女人，我理解她。

有一次在朋友家吃饭，菜很丰盛，有鱼有肉，还有特意起早去农贸市场买回来的当季海鲜，再配上两个炒菜，几乎够一桌酒席了。可大部分的菜都是盛在买方便面赠的那种不锈钢的小盆子里，大小深浅，什么样的都有。

吃饭的都是老朋友，没那么多拘束和客套，所以还没开饭就有人跟她说："用这些东西盛菜多寒碜，怎么不买几个盘子呢？普通的白瓷盘也贵不到哪里去，摆起来就好看多了。"她听到也有点儿不好意思，连忙解释说，不是因为怕花钱，只是租来的房子，不知道什么时候就搬家了，不想添置那么多东西，一切从简，管它好不好看呢。

我相信她说的话。在刚毕业两三年的女孩儿之中，她的收入算是不错，不差那点儿钱。可能在她眼里，菜是用来吃的，盛上不洒就好，美观与否并不重要。

可是，大家的胃口都多多少少受了这些盆子的影响。一桌子菜闻起来很香，可看着这些盛菜的器皿，食欲就消退了不少。那天的菜真的很好吃，大家吃得也够饱，可我总是觉得差点儿什么，享受食物时，心情也没有平时见到美食时的那种喜悦。

晓燕是在 27 岁的时候结婚的，那个年纪，在她生活的那个小县城里算是大龄。她在省城读的大学，毕业之后本来可以找一份工作留在那里，可因为父母给她找了一份稳定的工作，就收拾行李回了老家。工作了两三年之后，便在父母的催促下开始相亲。她现在的丈夫是众多相亲对象中的一个，两个人的工作、家室、学历都比较匹配，所以尝试交往了一段时间就结了婚。

晓燕说，她与丈夫之间并没有什么爱情，只是看着合适，就结婚了。她那时候想的是，"反正结婚也就那么回事儿，跟谁都一样，条件差不多就行了。"可结婚后才发现，实际情况并没有她想得那么简单。

其实两个人并没有太大的矛盾，只是吃不到一起，玩儿不到一起。她买了纯棉的床单被套，他生了一场气，嫌她花钱大手大脚；她想假期全家人出去旅游，他只想宅在家里睡大头觉；她习惯早睡，他经常打游戏打到半夜……日复一日，晓燕渐渐变得满腹怨言，怎么看对方怎么别扭，甚至在家的时候一句话也不想说。

好多女人都抱着和晓燕一样的想法，过日子无非是一日三餐，柴米油盐，跟谁过都一样，差不多就得了。

可是，真的一样吗？

之前看到一篇文章，里面列举了30块钱的口红和300块钱的口红的各种差别。总结起来，不过是30块钱的口红除了价格，没有任何优势。有人说，便宜的东西，只有你买它的时候开心，在用它的时候没有一天是开心的。商品如此，婚姻也是一样。凑合、差不多，看似轻松解决了问题，其实带来的是无穷无尽的烦恼。

佩服故事里的那位母亲，有勇气摆脱不愉快的婚姻。后来，她遇到了另一个男人，他为了搭配她绿色的新桌布，会买来新的盘子碗筷；他会带她去湿地公园，带回几根掉落的树枝，插在古朴的花瓶里；他会用心庆祝各种各样的节日，为平淡的生活增添一些热闹。日子开始精致起来，也愉快起来，她最终找到了自己的幸福。

的确，一辈子太长久，与其为了各种不如意的事情而抱怨，不如让自己活得更好。

喜欢什么东西就去买，食物、日用品、衣服、饰物，只要在自己的经济能力能负担的范围内，就不要为了贪便宜而凑合。买东西时，要学会精挑细选，适合自己的才是最好的。

无论是自己的房子，还是租住的临时住所，都要好好布置整理。不一定精装修，但一定要干净整洁。东西要摆放整齐，屋子要保持干净。

培养健康的生活习惯。早睡早起，按时吃饭，饭后漱口，适度喝水、吃水果，等等。好的习惯一旦养成，就会让人受益终生。

试着培养自己的兴趣爱好，无论是什么，有益身心、自己喜欢，这就够了。想做的事情就去做，不用有太多顾虑，也不用在乎别人的目光。青春宝贵，只有尝试了，才不会留遗憾。

懂得放弃。从过期物品、不适合自己的衣服、存在家里却永远不会拿出来用的杂七杂八的物件，到一些毫无意义的社交、一段没有结果的感情，凡是不好的东西，必须清理干净。告别负面的，摆脱多余的，才能更加轻松自在。

师言：腹有诗书气自华

读书多了，容颜自然改变，许多时候，自己可能以为许多看过的书籍都成为过眼烟云，不复记忆，其实它们仍是潜在的，在气质里、在谈吐上、在胸襟的无涯，当然也可能显露在生活和文字中。

——三毛

林清玄在《生命的化妆》中说，女人化妆有三层："化妆只是最末的一个枝节，它能改变的事实很少。深一层的化妆是改变体质，让一个人改变生活方式，睡眠充足，注意运动与营养，这样她的皮肤改善，精神充足，比化妆有效得多。再深一层的化妆是改变气质，多读书，多欣赏艺术，多思考，对生活乐观，对生命有信心，心地善良，关怀别人，自爱而有尊严，这样的人就是不化妆也丑不到哪里去。脸上的化妆只是化妆最后的一件小事。"

的确，**读书，才是一个女人最深一层的化妆**。读书的女人身上有一种与众不同的光彩。

对女人来说，外表的美丽只是青春年少的标志，迟早会随着时光流逝而凋零，而读书带给她的优雅气韵，却能经久不衰，甚至能超越生命。

说到这里，不得不提林黛玉，"娴静时娇姣花照水，行动处似弱柳扶风，心比比干多一窍，病如西子胜三分。"看过《红楼梦》的人都知道，林黛玉是爱读书的，她的学识、才气，就连薛宝钗、史湘云之类的卓越女子也略显逊色。刘姥姥进大观园时，到了林黛玉的房间，首先映入眼帘的就是"窗下案上设着笔砚""书架上放着满满的书"。身处富贵繁华之中，依然出淤泥而不染，焕发出自己独特的光彩。书已经融入林黛玉的灵魂，使她成为寻常女子迥然不同的传奇。

不要说林黛玉只是文学作品里的虚构，真实的历史中也不乏这样的女子，饱读史书，以卓越的才华流芳千古。

其中最卓越的当属蔡文姬，东汉大文学家蔡邕之女，博学能文，善诗赋，精通天文数理，兼长辩才与音律。她一生坎坷，先经历丧夫之痛，又遭遇匈奴入侵，被掳到塞外，嫁给了匈奴的左贤王，膻肉酪浆十二年。直到曹操统一北方，感念恩师蔡邕的教诲，才用重金将她赎回。

在返回汉朝的路上，想起自己半生的坎坷，在思念故乡而又不忍与骨肉分离的矛盾痛苦中，写下了流传千古的名篇《胡笳十八拍》。

归汉之后，一次闲谈中，曹操说他很羡慕蔡文姬家中的藏书。蔡文姬说，她家中原来藏有四千卷书，几经战乱，已经全部遗失了。曹操深感失望，可蔡文姬说，她还能背。于是蔡文姬凭记忆默写出四百篇文章，文无遗误。

蔡文姬命运多舛，一生三嫁，失去了亲人，亲生骨肉远在他方，只有读过的书是她一生都不会失去的财富。对她而言，读书是一种修为，支撑着她的人格与信念，陪她挺过一次又一次灾难。

古往今来，李清照、鱼玄机、薛涛、上官婉儿，能够青史留名，成为世人心中美好象征的，大多是博学多才的。即使在封建社会女子的地位低下，她们的才华依然没有被埋没。

著名作家王玉君说："世界上有十分色彩，如果没有女人，世界上将失去七分色彩；如果没有读书的女人，色彩将失去七分的内蕴。爱读书的女人美得别致，她不是鲜花，不是美酒，她只是一杯散发着幽幽香气的淡淡清茶。"所以，女人们，请在繁忙的工作之余，摊开一本自己想看的书，全神贯注地投入，从金钱、物质、外在美等世俗欲望中解脱出来，以书怡己，恍若如梦，就会使自己变得更美丽、更优雅。

也许有人会说，时代已经变了，现在追求的是效益，是实际的工作技能，谁还有时间读书呢？

曾经，我特别不理解王磊，别人去自习室是蹭网玩儿手机、看视频，要么就是为了各种各样的考试啃教科书，而我每次在自习室遇见他，他都是去看书的。有时候是文学名著，有时候是其他的，隔一段时间就会换一本，与他所学的计算机专业没有半点关系。

我问他："看那么多书做什么？"

他说："不做什么，就是想趁着现在正在上学，时间多，多读一点儿。"

我问："读那么多，记得住吗？"

他说："也不能完全记住。"

我说："那读它有什么用？"

他说："那你还记得一个月之前吃过什么吗？虽然看起来忘了，但实际上，读过的东西已经影响了你，它对你以后的成长，都是起作用的。"

从那时开始，我才真正爱上了读书。读书虽然不会带来现实的利益，但却能潜移默化愉悦身心，陶冶情操，塑造人格。对女人来说，读书是一种成长。书里有知识，有思想，可以增长才干，提升人的境界。

读书的女人不一定优雅，但优雅的女人一定是会读书的。

首先是多读。阅读是一种习惯，有些人可以为了读书废寝忘食，而有的人，即使把书摆在眼前，也看不进去一个字，不一会儿就不耐烦地丢到一边。有些人，看起来是在读书，实际上读了没一会儿就开始走神，或者干起别的事情。这只能算是摆出读书的样子，实际上书并没有翻几页。多读书，是要学会实实在在地把注意力集中到书上，养成读书的习惯，只有这样，书里的知识和思想才能真正进入自己的头脑。

其次是有选择地读。缠绵悱恻的爱情故事、明星的花边新闻、化妆、服装搭配、心灵鸡汤……那些东西读起来轻松，但对一个人的成长，并不会起什么作用。虽然不能说那些内容不能读，但它们只能作为一种娱乐消遣。真正值得读的书是应该有精神养分的，无论涉及哪一领域，重要的是能让人有所收获。

最后是读书要认真。浮于表面，死扣字眼的读书只能把人读傻。把一本书读通、读懂，真正领会作者的思想与情感，才能把握一本书的真实内涵。书读百遍，其义自见。那种从书中领会出新的道理，恍然大悟的感觉，让人神清气爽。

人的一生是短暂的，在有限的时间里，我们能经历的、见识的，对于整个世界而言，不过是冰山一角。而书，记录了比我们的生命更长久、比我们的视野更宽阔的世界，它能让我们见识到更多，领悟到更多。在书中认识了世界，当面对现实中的种种，我们可以更加明智地做出抉择。面对人生的起起落落，我们可以更加从容不迫，以更从容的姿态面对一切！女人尤应如此。

女人活着，要有自己的姿态

我可以拿走人的任何东西，但有一样东西不行，这就是在特定环境下选择自己的生活态度的自由。

——弗兰克

在很长一段时间里，一说到优雅，我首先想到的就是梦洁。

衣着素淡却顺眼，走路轻轻，吃饭小口，就算跟别人有不同意见，也从没见她脸红脖子粗地与人争论。虽然年纪不大，但工作上却表现得很出色，勤快干练，到手的任务，总能以最快的速度保质保量完成，遇到难题的时候，也不会逃避推脱，脸上总是带着一副游刃有余的表情。

刚进公司那会儿，遇到很多经验丰富、能力出色的前辈，可我最佩服的人非她莫属。她不仅工作能力出色，而且几乎所有的工作都是在上班时间内完成的，除非任务紧急，否则绝不加班。下班之后，逛个超市，给自己做一顿晚饭，小日子过得美滋滋的。

可是，自从相恋多年的男友跟她分手以后，她就开始变了。明明是同一个人，一样的相貌，一样的穿着，行为举止也没多大变化，原来的那种气场却慢慢消失不见了。在人群里没有一点儿存在感，显得平庸又无趣。这样的女人，自然跟"优雅"两个字沾不上边。

一开始我很疑惑，后来才慢慢注意到，她开始和其他人一样，上班开小差，就算为了追进度留下加班的时候也拖拖拉拉的，经常最后一个才走。下班之后，随便在外面吃点儿什么，或者点个外卖，晚饭就解决了。早起来上班时，经常带着那种没睡醒的呆滞表情。

我开始困惑，优雅究竟是什么？对于女人来说，究竟怎样才能保持优雅？

曾经看过一篇文章，是教女人如何变得优雅的。从着装到发型，再到走路的姿态，甚至眼神，都做了大段的论述，像一本浓缩的教科书。可是，我记住的只有结尾处的几个字——"享受生活"。

是的，享受生活。这才是最重要的。如果失去了对生活的热情，即使懂得再多的美妆知识、礼仪技巧，也难以拥有优雅的气质。就像梦洁，因为感情的挫折变得抑郁消沉，即使言谈举止、穿衣打扮都没有变化，曾经的优雅也不复存在。

一个女人是否优雅，取决于她用怎样的态度面对生活。可以这样说，优雅，其实是一种生活姿态。

有一次因为要拿东西，到同事莫莫家去过一次。她把地址发给我的时候，我就觉得有些意外，居然居住在房租死贵的二环。到了她家，我更是吃了一惊，居然是一居室。房子的装修很精致，墙面、地面都是干干净净的。我知道莫莫的工资大概是多少，而她丈夫虽然前两年进了国企，工资稳定，但也只是个普通上班族而已，收入也不算很高。

我有些难以置信，莫莫却显得很自然。她看出了我脸上的诧异，说："住在这里我们俩上班都近，房子又干净，工作、生活挺方便的。"

我还沉浸在惊讶里，随口就问了出来："这边房租应该挺贵的吧，你哪儿来的钱？"

莫莫笑了："光凭工资的话肯定紧张，但房子当然要住得舒服才好，钱不够，可以挣。我们俩都是学外语的，平时接些翻译之类的兼职，也就把房租挣回来了。而且可以巩固自己的专业知识，一举两得呢！"

我问："一边上班，下了班还要做兼职，不累吗？"

她说："做自己喜欢的事不会累。再说晚上吃完饭时间还早呢，闲着也只是看电视、玩儿手机，还不如做点儿有意义的事情。再说我们一直是劳逸结合，并不会为了多挣钱，拼命透支自己，累不到哪儿去的。"

我终于明白了为什么莫莫的脸上总是一副轻松自在的表情。每天下班骑 20 分钟自行车回家，跟心爱的人一起买菜做饭，吃完饭以后两个人一起完成一项彼此都擅长的工作。每天过着这样的日子，比起我们这些每天在地铁、公交上跟陌生人挤在一起两三个小时的人来，自然少了很多疲惫和不耐烦。

也许有人会说："那也是因为她和她老公都懂外语，能找到翻译的工作，否则那么好的日子一般人哪儿过得上呢？"我只能回答，人家有一技之长，也是人家自己用心学习的结果，日子过得舒心，也是人家付出后应得的回报。

其实，很多时候，最关键的不是我们处于怎样的生活之中，而是我们怎样把握生活，把生活变成什么样子。

作为一名优雅的法国女士，欧缇丽创始人 Mathilde Thomas 说："我觉得人生不是随时在冲刺，而是一场马拉松。"

的确，优雅的女人懂得把握生活的节奏，步调沉稳，步伐坚定，不急于冲刺。同时，她们又时刻记得自己的目标，评估自己的实力，把握人生的方向，每时每刻都在努力向前。有了这样从容的姿态，才能赢得人生的长跑。这样的女人懂得如何生活，她们既不堕落，也不冒进，既不过于奢侈，也不亏待自己。这既不是做作，也不是根据某些准则进行的规划。她们只是懂得，不要太刻意，开心就好。

就像 Mathilde Thomas 曾在她的书里写的："大家说的'法式优雅'完全取决于我们的态度。法国人最懂得享受了，你也总是能看见她们穿着性感的衣服，喝喝红酒抽抽烟，她们一定会吃得很好，如果只是为了填饱肚子那还不如不吃。"法国女人的优雅，在于她们享受的生活态度，无论是艰苦的奋斗，还是精心的保养，都是为了取悦自己。

女人活着，要有自己的姿态。而优雅，则是这种人生姿态的一种外在表现，与其刻意追求所谓的优雅，倒不如倾听自己内心的声音，好好生活。如果读书让你愉悦，就去读；如果旅行让你快乐，就出发。**不如把生活当成一次行走，一路走来，经历的，都是故事，看到的，都是风景。**

珍惜你的亲人，也许他们并不完美，但能给你最纯粹的爱。

珍惜你的爱人，就算不能相伴一生，也要好好享受在一起的时光。就算有一天分开了，留给彼此的，也都是最美好的回忆。

珍惜你的朋友，别太计较是非对错。如果能遇到一个人，与你心灵相通，意趣相投，那是你一辈子的幸运。

最重要的，是珍惜你自己。按照自己的天性去成长，不勉强，不做作。也许你的一生并不顺利，也许别人拥有的东西你不曾拥有，但你永远可以选择最让你感到快乐的方式，优雅地活着。

第 四 章

女人，你欠世界一个微笑

彬彬有礼的快乐

> 礼貌使有礼貌的人喜悦，也使那些受人以礼貌相待的人们喜悦。
>
> ——孟德斯鸠

从小到大，每个女孩子耳朵里都充斥过这样的唠叨，"小点儿声，别吵到别人"，"坐正了"，"把裙子弄好"，"筷子不要乱放"，"女孩子要笑不露齿才好看"……这些唠叨可能来自母亲，也可能来自其他的长辈。正是这一次又一次细小的指正，让我们不知不觉间懂得了什么是礼貌。

由此可见，礼貌是良好修养的一个主要的外在表现。**对女人而言，礼貌可以为她的美丽增光添彩，有礼貌的女人，温文儒雅，举止大方，让人容易亲近。**它的表现形式是很随意的——它不会引起别人特别的注意，而是潜移默化地存在于生活的一举一动中，自然、真诚，没有丝毫的矫揉造作。矫揉造作的礼貌是没有意义的。

爱默生说：“好的体型，胜过美丽的容貌；儒雅的行为，却要胜过婀娜多姿的身段；与身份和地位相比，它会带给你更多的快乐；它是人类最杰出精妙的艺术品。”

礼貌，并不像有些人认为的那样，无足轻重，可有可无。因为它总是在努力地美化你的日常，让你可以大方、体面地参加各种社交活动。当我们对一个人进行评价时，往往首先考虑的是他有没有礼貌。礼貌能够给别人留下一个美好的第一印象，这比那些内在的优点甚至更深层的修养具有更为显著的作用。

此外，礼貌加上恰当的处事方法，会使人拥有不可抗拒的力量。维尔克斯，这位历史上最丑的男士之一，曾经说过：“打动一位女士的芳心，一定要靠自己儒雅的举止。这样，即使是英格兰最英俊的男子，也会在你的面前相形见绌。”

相反，脾气暴躁将毁掉一切。一位哲人曾经说过：“一个人没有礼貌，对于他的人格而言，是很大的一个污点。”粗暴无礼，会关闭你与别人沟通的大门，封锁你的心灵；而友善和恰到好处的举止，则可以体现出你的礼貌和修养。一个人种种不礼貌的表现，也可以反映出他对别人的冷漠和轻视，比如，不注意自己着装的整洁，不讲卫生，在公共场所不注意自己的言语，或者有各种令人厌恶的生活习惯等。总之，那些不修边幅的人，总是让人感觉很邋遢，同时也让人失去了与他交流、沟通的兴趣。从某种意义上说，这也是粗俗、不文明的一种表现。

在一个人走向成功的道路上，礼貌，也就是我们通常所说的亲切诚恳的态度，起着至关重要的作用，然而，却有很多人没有足够地意识到这个问题。他们没有想到，很多情况下，事情的成败，取决于他们给别人留下的第一印象。一个人举止端庄，礼貌谦逊，会给别人留下难以忘记的印象，也可以促进事业的成功。

真正有礼貌的人，通过对他人的关怀和尊敬，体现出自己的谦逊和大度。要得到他人的尊敬，自己必须首先尊敬别人。即使与自己的见解大相径庭，也要尊敬和虚心地接受他人的意见。生活中，有礼貌的人绝不会轻易打断别人的话，无论对方的谈话是不是合自己的胃口，他都会耐心地聆听。容忍和宽容的良好修养，使他们从来不妄加评论。因为正如我们所知的，对别人不负责任的评论，不可避免地会给自己带来同样的恶果。

有人这样评价悉德尼·史密斯先生："他是一位勇敢而极富爱心的绅士，仁慈公正的心，使他不论面对一贫如洗的穷人，还是腰缠万贯的富翁，都一样和蔼可亲。他对人的真诚绝非做作，仆人和贵族同样是他尊贵的客人，他会待以同样的谦逊、关怀、乐观和亲切——无论身在何方，他都会把最好的祝福留给那里的人民，同样，人民也会把他们最好的祝福奉献给他。"

哈钦森夫人在回忆录中这样描述了丈夫的彬彬有礼和和蔼可亲："不知他是真的如此宽宏大度，还是骨子里根本就没有傲慢的品性，总之，他从不鄙视地位低下的人，更不会去巴结贵族和上层人物。闲暇时间里，他会花上几个小时，同最普通的士兵和最下层的劳工谈心，他亲切的态度从不会使那些人感到窘迫，更不会让他们有被轻视的感觉。他们尊敬他、爱戴他，却又能在与他的交流中，得到释怀和快乐。"

一个人通过对别人幸福的关注，和对他人困苦的帮助，体现出自己真正的谦逊态度。谦逊既存在于仁爱之中，也存在于感激之中，从而可以使你为之做出善良的举动。

此外，我们通常还会有这样一个理解的误区，礼貌应该是一种特有的品德或特点，它属于那些出身高贵、接受过高等教育的人，或是那些经常出入于上层社会的人，而与下层社会的平民百姓没有关系。这是绝对错误的。因为，不论是辛辛苦苦靠双手吃饭的劳动人民，还是高官贵族，都应该尊重自己，又尊重他人。正是通过他们相互之间的行为——对待彼此的态度或礼貌——才体现出自尊和互敬互爱的精神。纵观人的一生，礼貌优雅的行为会带给你更多的快乐。即使你仅仅是一个普通的工人，只要有持续的毅力、礼貌的态度和仁慈的心肠，你就会不断地进步，影响力也会越来越大。慢慢地，你身边的人，同事、朋友都会模仿你的行为方式，这样，你就可以带动他们共同进步。

明智、有修养的人，也许并不比他们身边的人们更聪明，更富有。然而，他们绝对不会夸耀自己的地位、出身或者自己的国家；也从来不会鄙视那些身份地位或出身不如自己的人们。他们从不拿自己的成绩和贡献当作资本，一张口就是无休止的夸夸其谈。相反，无论是言语还是行动，他们都表现出过人的谦逊、真诚和实干精神，他们不会掩饰自己的真实想法，而是通过自己孜孜不倦的实干，来为社会、为国家、为人类做出应有的贡献。

要做一个有礼貌的女人，礼貌是一个人内心平和的体现，也是人沟通交流的桥梁。礼貌的作用，如同阿里巴巴的那句咒语——"芝麻开门"一样，能够为你打开人生道路上所有的大门，无论走到哪里，它都可以帮你扫清所有的障碍，它是你和别人沟通心灵的万能护照。

幽默的女人独具魅力

幽默是一切智慧的光芒，照耀在古今哲人的灵性中间。凡有幽默的素养者，都是聪敏颖悟的。他们会用幽默手腕解决一切困难问题，而把每一种事态安排得从容不迫，恰到好处。

——钱仁康

曾经有人把幽默归结为一种魅力商数。的确是这样，一个女人如果拥有了幽默的特质，她不但会在不知不觉中自增魅力，而且也可以给她周围的环境带来一定程度的和谐气氛。一个幽默的女人，就如同一只在水中畅游的鱼儿，八面玲珑，人见人爱。

幽默是什么？

幽默，是人思想、意识、智慧和灵感的结晶，是人的内在气质在语言运用中的外化。幽默展示在他人面前是一种优雅的风度，一种健康的心态，一种文化的内涵，一种人生的沉淀，还有一种思想的睿智和生命的美丽和洒脱。

一个懂得幽默的女人，无论遇到什么样的问题，经她的口轻轻一说，就会云淡风轻了。女人的魅力，就在这一来一往的言辞中，变得清晰起来，有了生动的韵味。这样的女人，散发着女性真正的魅力。

世界上第一位女大使柯伦泰就是最会用幽默来给自己争取优势的一位女性。

柯伦泰曾被任命为苏联驻挪威全权贸易代表。一次，她和挪威商人谈判购买挪威鲱鱼。挪威商人出价高得惊人，她的出价低得让人意外。双方开始讨价还价，在激烈的争辩中，双方都试图削弱对方的信心，互不让步，谈判陷入僵局。最后柯伦泰笑笑说："好吧，我同意你所提出的价格。如果我们政府不批准这个价格，我愿意用自己的工资来支付差额。但是，自然要分期支付，可能要支付一辈子了。"挪威商人听她这么一说，觉得她很有趣，也实在是无计可施了，只好同意将鲱鱼的价格降到柯伦泰认可的水准。

当想给无礼的对手一个不失风度的回击时，如柯伦泰般聪明的女人总是知道运用幽默来进行调剂。这不但会使你与周围人的思想情感接近一些，也许还会给你的人生际遇带来某种意想不到的收获。

一个懂得幽默的女人，还有一种穿透尴尬的能力，让内疚和愤怒消弭于无形。在人际关系中，女人可以尝试着幽默一下，创造出轻松的气氛，这也有助于提高你的人气。

有一位叫雪花的女孩儿，虽然没有出众的容貌和迷人的身材，但为人性情开朗、幽默，许多人一旦和她交往几次，往往就被她的幽默所吸引，不知不觉地感受到她的魅力。有一次，雪花参加同学生日聚会，和同学们回忆着大学时代的美好生活。不料主人在招待客人时，一不小心将一盆水打翻，全洒在了雪花的身上，把她那身新衣服都泼湿了。

主人不知所措，显得十分尴尬。雪花淡然地、从容镇定地说："一般正常情况是聚会结束才能换衣服，阿姨，您成全了我，呵呵。"一句话，使满屋的人都笑了起来，难堪的气氛也一扫而光，大家对雪花都投来赞许的目光。

在这种公共的社交场合，优雅的女子必如雪花一般，她们用恰当的幽默化解尴尬，更体现出了她们的人格魅力和智慧。

所有的人都会年华老去，红颜不再。但岁月只能风干肌肤，而睿智和幽默的魅力却不会减去分毫。幽默的魅力，仿若空谷幽兰，你看不到它盛开的样子，却能闻到它清新淡雅的香味；幽默的魅力，又如美人垂帘，人不能目睹美人之芳华，却能听到美人的声音，间或环佩叮咚，更引人无限遐思……可以说，幽默为女人的魅力起到锦上添花的作用，优雅的女人一定不会拒绝幽默。

不过，现实生活中，更多的人往往对具有幽默感的人赞誉有加，自己却往往不具备这种好品质。幽默感的培养也确实不是一件容易的事情。因为幽默不只是表层上的语言，而且还是一种灵活的思维、平和的心态、豁达的胸襟。要想拥有幽默，不能只靠技巧，更多要靠对于生活的认真思考，对于世界的放眼瞭望，对于人生的深刻理解。

"幽默属于乐观者。"一个心地狭窄、思想颓废的人不会是幽默的人，也不会有幽默感的。有乐观的信念，才能对于一些不尽如人意的事泰然处之。

因此，要做一个有幽默感的女人，先要做一个乐观的人。善于发现生活中的美，善于发现快乐。不管面对什么样的境地，都要持有一颗积极进取的心。

同时，幽默也是一种智慧的表现，它必须建立在丰富知识的基础上。如果一个人对古今中外、天南地北的历史典故、风土人情等各种事情都有所了解和掌握，再加上有较强的驾驭语言的能力，说话就会生动、活泼和诙谐。这也就是为什么古今中外著名的幽默大师，往往又都是语言大师的原因了。

因此，要做一个有幽默感的女人，必须广泛涉猎，充实自我，不断认真从浩如烟海的书籍中收集幽默的浪花，从名人趣事的精华中撷取幽默的宝石。另外，幽默也不能过于深奥，应通俗易懂，否则使人像猜谜一样，百思不得其解，也达不到欢愉的效果。

幽默的出发点一定要是善意的。它或许带有温和的嘲讽，却不应刺伤人。切莫庸俗、轻浮，更不能混同无聊的嘲笑。例如有的人嘲笑人家的生理缺陷，如口吃、跛脚等毛病，这是很不道德的；又如有的人对男女之间的话题津津乐道、绘声绘色、哗众取宠，博得哈哈一笑，这样非但不能表现幽默，反而只能显露庸俗和浅薄。

因此，要做一个有幽默感的女人，一定要注意不应把自己的快乐建立在别人的痛苦之上。揭人隐私、讥人之短的行为是为人所不齿的，要杜绝自己有这样的行为。幽默的人能融于生活，乐此不疲，也能跳到生活之外，站在高处，放眼人生，以智者的眼光看待一切，这才叫豁达，这才有了幽默。

真正幽默的人，其实是自信的人，不怕受人嘲笑，而且非常善于自嘲，这种自嘲实际上是建立在自信的基础之上。很难想象，一个自惭形秽或者心胸狭小的人，也能自骂自嘲。敢于自嘲，就敢于正视自身的缺陷、不足和失败，就敢于正视不利的环境和条件。自嘲者表面自嘲，实际上在自嘲的背后有一种力量。

总之，如果一个女人才华出众、气质高雅、美貌可爱，那就不能不聪敏幽默。没有聪敏幽默的情怀，就像鲜花没有香味一样，有形而无神看上去总感觉差了点儿什么。优雅的女子必如海棠一般，她们用恰当的幽默化解尴尬、轻松氛围，更体现出了她们的修养和礼仪，显示出了她们的人格魅力和智慧。

女人，莫做情绪的奴隶

如果你对周围的任何事物感到不舒服，那是你的感受所造成的，并非事物本身如此。借着感受的调整，可在任何时刻都振奋起来。

——奥瑞·利欧斯

人生中，最大的敌人就是自己的情绪，如果你能把控情绪的话，那么就没有什么东西是战胜不了的。那些聪明的女人，就是因为他们永远不会纵容自己，在情绪面前永远地保持自律，才能在人前人后都保持优雅从容的姿态。

任何生活中的变动，大至超越了人能力所能处理的大事情，小至扰乱了人心平衡状态的小事情，都会是"情绪"的来源。这些可以预测以及不可预测的刺激事件，都会给我们的心情带来或大或小的影响。自我掌控能力不好的女人，会很容易拿别人的错误来惩罚自己，或垂头丧气，或忧愁烦闷，或大发雷霆，或三心二意，或动摇不定。**而一个善于自律的女人，却可以用高情商去看待一切不公平以及一切的美好，有效地调整自己的情绪，使自己摆脱焦虑、抑郁、烦躁等不良情绪，因而更能发现生活中的乐趣及美好的一面**，这就使得自己的心态更加平和，姿态更加从容自在。

周末到了，超市里等着结账的队伍也排得越来越长了，玛格丽特正是其中一员。她向前看了看，自己大概排在第八位。可是，队伍却突然停下来了，她看不太清楚前面发生了什么事，只听到有人叫来主管，据说是在开收款机检查。玛格丽特有点生气了，她觉得自己还得等很长时间了。不过，理智告诉她现在什么也做不了，只能等。于是，玛格丽特随手从旁边的架子上拿起一本杂志翻了起来。

十分钟过去了，收款机还没修好。这时前面传来喊叫声："纯属无能，笨到家了！""你不会修收款机啊？没看见队伍有多长吗？我还有事呢，太可恶了！"一个打扮入时的女人在骂收银员和主管。收银员和主管只好道歉，说他们已经在尽力了，并且建议她换个收银台。这么一说女人更来劲了，"为什么我要换啊？换到别的收银台又得等那么长时间。你们浪费了我的时间，我的约会都要迟到了！我以后再也不来这儿买东西了！我还要投诉你们！"女人丢下了满是物品的购物车，愤愤地离开了超市。

就在女人离开后一两分钟，超市里又发生了三件事。一是超市在旁边又专门为这支队伍的顾客开了一个收银台；二是刚才坏了的收款机也修好了；三是超市为了表示歉意，给这个队伍中的其他顾客每人 5 英镑的优惠券。

玛格丽特挺高兴的，既买到了东西，又得到了实惠，她还从刚才的杂志上看到两个新的菜谱，结账时，玛格丽特谢了收银员，还收到一个感激的微笑。而那个愤怒的漂亮女人呢，不但没购成物，没得到优惠券，还跟人生气发火，留下的是不愉快的经历，留给他人的也是一个"丑陋"的形象。

从这个例子中我们可以看到，玛格丽特显然也生气了，不过她却没有将愤怒发泄出来，而是用一本杂志把注意力吸引开了，这就是自我掌控的作用，也是保持快乐的秘密。

遗憾的是，现实生活中，很多女人选择了做"愤怒的女人"，她们对自己采取放任自流的态度，对自己的情绪／行为丝毫不加约束。那么，这些女人最终的结局只能是毁掉了形象，又失去了快乐。

但幸运的是，自控的习惯，并不是与生俱来的，而是靠后天的努力一点儿一点儿养成的。当我们将情绪的自我控制变成自己的一种习惯、一种生活方式，我们的人格和情绪也会因此变得更完美。

一位哲人曾说："盛怒之下的人，犹如骑着一匹疯马，不加以驾驭，就会摔断自己的脖子。"在各种消极情绪中，愤怒的情绪是最常见的，危害也是比较大的，是最需要我们提防和严加控制的一种情绪。所以，在现实生活中，应当提高自己控制情绪的能力，时时提醒自己，有意识地控制自己的情绪波动。

而平息怒气的最好方法不是发泄，而是"重建"，有意识地用建设性的态度对情况重新解释，即站在对方的立场上，想一想对方是否情有可原。

这对于处于怒火中的人来说，显然是很难做到的，但从理性上来讲，却是可行的。因为任何人看问题都容易片面、主观，尤其是在一时情绪冲动的情况下。如果只站在自己的立场上想问题，容易自私、片面、狭隘，但是如果我们全面地看待事物，观点就会有很大的变化。

人和人相处时，站在双方的立场上综合地考虑，会看到全面的情况，那么对对方的理解和同情也会增加，很可能发现对方没有自己一开始想的那么"坏"。比如当你在公路上开车时突然被另一辆车挡住，你本能的反应是："真险！差点儿要了我的命！不能把这小子放走。"你越想越恼火，结果血压升高，车子也开得"毛"起来。这时候，如果你换一种思维方式，想着："这个人是不是新手啊？是不是有着急的事情啊？需不需要帮助啊？"那么你的心态就会改变，你的怒气就会烟消云散。

决定情绪的一个关键因素是把注意力放在哪里。消极情绪的出现，主要是因为你把注意力放在了一个不好的地方。

因此，要想打消消极情绪，最重要的就是要调控自己的注意力。根据现代生理学的研究，情绪的形成是属于神经系统的一种暂时性联系。感官在不愉快的事情的刺激下，会产生出不愉快的信息并传入大脑，刺激大脑产生与之相应的不愉快的情绪。随着同类信息的输入越来越多，这类信息就在你的精神活动中逐渐形成一种优势中心。这样，消极情绪便形成了。因此，如果你在发现自己受到不愉快的信息的刺激，就要马上转移心理活动的方向，去想一些使你感到高兴的事情，不断去向大脑输送愉快的信息，争取建立愉快信息的优势中心。随着你对美好事物的欣赏，或者你对某一件工作的潜心思考，你的整个注意力都会被吸引到这些地方去，不愉快的事情所引发的消极情绪，就会在不知不觉间烟消云散。

这是因为心理学上有一条基本的定律："不论一个人多么聪明，他的思想都不可能在同一时间去想一件以上的事情。"我们可以做一个实验来证明它，假如你现在坐在椅子上，闭着眼睛，试着同时去想长城和明天早上打算做什么事。你会发现，你只能轮流地去想其中的一件事情，而不能同时去想这两件事。

我们的情感在头脑中反应也是这样的，不能同时容纳两件事存在于一个空间里。我们不可能既激动、热诚地想着做一些令人兴奋的事情，同时又为忧虑而拖累下来。在同一时间里，一种感觉会把另一种感觉从我们的头脑中赶出去。

此外，全身心投入的忙碌也会让我们忘记不快。因为如果你给自己很多时间去胡思乱想，那么烦恼、忧虑和痛苦只会加深，而不会想出什么结果来。

总之，这个世界上，没有人要把你变成什么样，只有你自己要把自己变成什么样。女人，控制好自己的情绪，你就会成为一个从容自在、快快乐乐的女人了。

吃亏是一种福气

　　与人共事，要学吃亏。俗云：终身让畔，不失一段。

——左宗棠

　　在生活中，难免会遇到不顺心的事情，那些害怕吃亏，把不可以吃亏、不可以受人欺负当作人生信条的女人，有时为了一点点小利和小商贩争执；有时为了一时之气，与上司争吵。在她们的内心深处，总认为做人不能吃亏，无论什么样的事情都能用争斗来解决。这样的女人，她的一生肯定不平静。

　　相反，肯吃亏的女人，在面对这些琐碎事情的时候，总是会一笑置之，身边也就没有那么多的是非曲直；肯吃亏的女人，往往生性憨厚，不会过多计较自己的付出与回报，往往会获得内心的清静；能吃亏的女人，善于妥协，不会过于强求自己和他人，自然可以减少与他人的争执，可以生活得更幸福；能吃亏的女人，懂得舍弃，懂得忍让，面对他人的缺点和错误，能吃亏的女人会主动地和解，自然也就化解了身边潜在的矛盾……总之，女人如果不怕吃亏，就更平静一分，更可爱一分，更幸福一分。

小冉是一家服装店的营业员，一日，店里来了一位女顾客。这位顾客十分挑剔，一连试了几件衣服，都不太满意，花了半天工夫，还没有挑选到称心合意的衣服。这个时候，店内又来了好几位顾客，见她还没有拿定主意，小冉便走过去服务其他顾客。

见此情形，女顾客以为是有意冷落她，于是沉下脸来，大声指责道："喂，你这是什么态度啊，还顾客是上帝呢，没看到是我先来的吗？有你这样招呼客人的吗？"一边说着，一边掏出钞票，催促道："快点给我选，我还有急事呢！"

这话听着都让人生气，要是换成一般人，早就杠上了，那就有热闹可看了。可是，小冉并没有和她"一般见识"。她先把其他的顾客安排了一下，然后走到女顾客的身边，和颜悦色地说："对不起，刚才生意忙，我过去招呼了一下，对你的服务有不周到的地方，请原谅。对于我们的服务不周到的地方，欢迎你多提宝贵意见。"

瞧瞧，这几句话说的，任谁听了也挑不出理来，更别提那个理亏的女顾客了。这不，一听小冉这几句话，女顾客原本还生气的脸，立马显得有些不自在起来，转而难为情地说："不好意思，刚才我说的话也不太好听，请你原谅。我再看看还有没有其他的款式，你先去服务其他顾客吧。"原本一场随时会爆发的"战争"，就这样被小冉的几句话给化解了。

看上去，小冉吃了亏，平白无故地挨了顾客的批评，然而，最终她又赢了。因为她肯吃亏，面对顾客的挑刺，也不失风度，反而以柔克刚，让顾客主动承认了自己的错误，既避免了一场战争，又做成了买卖，还在周围人的心中树立了良好的形象，可谓"一石三鸟"。这正应了那句俗话——"吃亏是福"。

不过，虽说"吃亏是福"的道理几乎人人都懂，但似乎还有很多人没有真正地理解，或者只是表面上一知半解，而实际上行动起来却大打折扣。现实生活中，因为不肯吃亏而引发的各种恶性事件并不少见。

其实，**越是不肯吃亏的人，越是可能吃亏，不但吃亏，而且往往还会多吃亏、吃大亏**。要知道，世界上没有白占的便宜，爱占便宜的人迟早要付出代价。有的人见好处就捞，遇便宜就占，即便是蝇头小利，见之亦心跳眼红手痒，志在必得。这种人每占一分便宜，便失一分人格；每捞一分好处，便掉一分尊严。在工作上，多吃一些亏，有利于磨练自己的意志，获得更多的工作经验，并且还有利于拓展自己的人脉。

没有必要把谁多做、谁少做分得那么清楚，如果大家都想占便宜，那肯定有许多事情没有人去做，这样的结果是整个集体的名誉都会受到影响，这正是所谓的占小便宜吃大亏，如果大家都不怕吃亏，有什么事情都抢着做了，也许这次你吃亏了，也许下次他吃亏了，但是，工作都完成了，集体荣誉有了，大家感情融洽了，工作氛围好了，相比下来，虽然吃点儿小亏，还是收获了"福"。

在工作中，也没有必要为谁多得、谁少得争得头破血流，你或许曾因为自己的"聪明"而获利不少，比如公司给员工发放一批福利品，你以某种借口将最后的一件占为己有，其他同事也不好意思说什么。但这样的精明，表面上看起来似乎十分实用，实际上却是与同事相处中的一大禁忌，你终会发现，没有人再愿意和你真诚交往。对于工作中由于争端而吃亏，也应该"大事化小，小事化了"。每个人工作中都会有不顺心的时候，在这个时候尽量忍让，不惹事端，多考虑同事的感受，多感谢他们平时对自己的帮助，会有助于以后工作的发展。

在朋友圈，多吃一些亏，往往会得到一辈子的好友，获得最珍贵的友谊。如果都想着占别人的便宜，也许你会得逞一两次，可是，时间久了，谁还会相信你这个朋友？朋友讲究的就是为对方考虑，虽然，"为朋友两肋插刀"是常人难以达到的境界，但凡事多想着点对方还是必要的。朋友交往不是一次两次，也不是一两天，所以也不能计较是不是吃亏，时间长了，彼此都很了解了，因为偶尔的吃亏，得到一辈子的好朋友，这难道不是福吗？

在家庭中，多吃一些亏，营造的是一个让你和亲人舒适栖息的场所，获得的是一份温暖的亲情。

吃亏占便宜，正如祸福相依一样，是互相依存、相互转化的。是你的跑不掉，不是你的争不来，我们不要总想着占别人便宜。做一个聪明的女人，正确地调整心态，坦然面对吃亏，才能让我们在人生路上走得优雅坦然、踏实快乐。

亲切才是真优雅

礼仪不良有两种：第一种是忸怩羞怯；第二种是行为不检点和轻慢。要避免这两种情形，就只有好好地遵守下面这条规则，就是，不要看不起自己，也不要看不起别人。

——约翰·洛克

清高本是一种品性、一种气质，与低贱粗俗相对。但"过犹不及"，如果把清高发挥到了极致，保持着虚妄的优越感不放，就会让本是褒义的一种个性变得不招人待见了。做一个聪明的女人，放下清高之心，保持为人低调，才能做一个受人欢迎的女人。

人际交往中，我们会发现这样一种有趣的现象：有一些女人各方面条件并不好，然而，无论走到哪里都会受人欢迎；反倒是那些长相漂亮、有才华的女人往往显得不合群。

这是为什么呢？

原因就在于那些条件优越的女人自命不凡，总觉得自己超凡脱俗，她看身边的人这个不顺眼，那个太庸俗，自然也就没朋友可交。要知道，清高，尤其是自命清高，可不是优雅的代称。女人因为自己某些外在优越条件而感到荣耀，不能说是不正当的，然而，如果一个女人过分迷恋这些，把自己摆在很高的位置上，贬低身边的人，她的人生境界也就不可能太高，当然，事业格局也就不可能太大。

我们要从下面这个真实的事例中吸取教训。

秋莎是一个长相漂亮的女孩子，毕业于一所普通的大学。虽然有着较高的文凭，然而，因为专业问题，毕业两年一直没有找到对口的工作。在熟人的介绍下，她进入一家电子加工厂，与她同时入职的还有另外两个女孩子——张兰和陈玲。秋莎所在的工厂很大，由于在基层工作，许多工友们都是高中学历，她们待人友好，大伙儿在一起，每天其乐融融。

看到学历不如自己的工友，秋莎总认为她们不如自己，既没有她长得好看，也没有她能力强。因而，她总看不惯大伙儿聚集在一起的热闹劲儿。她想：一帮没有头脑的女人，一天到晚有什么好乐的。大伙儿看到她清高的姿态，纷纷远离她，平时见到她也不怎么爱说话了。倒是与她同来的张兰和陈玲很快便融入了这个"小社会"之中。

白天大家一块儿去干活儿，如果有什么困难，会互相帮助，因而，工作起来效率很高。然而，秋莎的情况可就不一样了，少了集体的力量，某些工作一个人做起来自然有些吃力，速度也就会慢一些。然而，她并没有意识到这一点。回到宿舍后，工友与张兰和陈玲有说有笑的，只有她一个人躺在床上聊微信。日子就这样过去了，几个月后，她们组里要挑选出一名组长，秋莎认为非己莫属。然而，经过投票，大伙儿一致认为张兰是最合适的人选。

看到这个结果，秋莎很郁闷，去找车间主任理论，她认为凭着自己的学历和能力，绝对可以胜任这个职位。然而，真相让她有些吃惊，张兰和她一样是大学毕业生，然而，张兰却能与周围的同事处理好关系，而她却自恃条件优越看不起所有的人，失去了大家的支持。车间主任的一席话，让她终于明白了自己所缺少的东西。张兰之所以胜出，不仅仅在于她的学历，更在于她能够与大伙儿融洽相处。

可见，即使你学富五车、美貌如花，如果放不下清高的架子，那些优势都不能为你的人际关系带来什么帮助；相反，女人如果能够放下清高，用一颗平常心去对待他人，就能获得众人的支持，在他人的帮助下获得进步。

"清"，无色，洁净；"高"，又代表着高处不胜寒。现实生活中，那些自命清高的女人往往会被自己孤立起来。只有保持群体的一致性，才可能被群体所接受和优待。如果女人过分强调自己的能力，自认为比别人都强，只可能会引起群体的厌恶与拒绝，甚至是制裁。因此，聪明的女人懂得放下清高之心，让自己变得通俗一些，才能拥有良好的人缘。

也许有人会疑惑：放下身段来，不是与优雅越来越远了？

其实，优雅并不是端着架子摆出来的，一个女人如果一开始便摆出高高在上的姿态，在他人看来只会觉得装腔作势罢了。其实，想要获得他人的认可，身份高低并不重要，重要的是为人处世的态度和能力。无数实践证明，那些整天唱高调，以为自己身份高贵的人，往往只会为自己招来嫉妒与不满，为自己树立更多敌人。真正有智慧的女人不孤傲，不冷峻，有亲和力，会吸引周围的人都愿意与她靠近。这并不是示弱，而是一种智慧，是为人处世的大智慧。

从社会心理学的角度看，善于闲聊的人，会让人觉得亲切随和，而不善于闲聊的人常被冠以"清高"之名。因此，闲聊这种看似琐碎的细节，是决定交际成败的关键。而且，闲聊可以保持沟通过程的有效性。闲聊中的表情动作以及姿势都能传递一些心理信息给对方，让对方觉得你是否是亲和与可信的人。

其实闲谈皆因大家都是俗人，话题无非是家庭娱乐，没必要看不惯别人的庸俗，你不过也是俗人一个，也在经历庸俗的事。即使你实在不愿闲谈，也不要表现得很清高。

微笑就像香水，洒上一点，整个屋子都会弥散着淡淡的香，传递给他人，让每个置身其中的人都感到生活的轻松和愉快。世界著名的希尔顿大酒店的创始人希尔顿，从小就被母亲灌输了这一观点："世界上有一种方法会让你成功，这个方法既简单又容易做，不花本钱还能长期运用，那就是微笑。"诗人雪莱也说："笑实在是仁爱的表现、快乐的源泉、亲近别人的桥梁。有了笑，人类的感情就沟通了。"总之，微笑可以让你在职场中有个好人缘。

很多女人，尤其是自身条件优越的女人，会吝惜对别人的赞美，即使在心里佩服，却很少把这种赞誉表达出来。但是每个人都希望得到别人的赞赏与肯定，这是发自心底最殷切的需求，所以，如果你想与他人相处融洽，想成为一个受欢迎的女人，就要给予他人想要的肯定，学会真诚地赞美他人。

想必聪明的你一定会有所感悟吧，那就从现在做起，主动放下身段，用平易近人的态度去面对所有的人！

第 五 章

心灵自由，是释放天性的至臻境界

享受独立的快乐

> 女人的不幸则在于被几乎不可抗拒的诱惑包围着；她不被要求奋发向上，只被鼓励滑下去到达极乐。当她发觉自己被海市蜃楼愚弄时，已经为时太晚，她的力量在失败的冒险中已被耗尽。
>
> ——西蒙·波伏娃

曾经在一篇文章里看到这样一句话："不要踮着脚尖去爱一个人，重心不稳，撑不了太久。真正的幸福只有从容的心才能遇到。"

读到这句话的时候，突然想起了热播的电视剧《我的前半生》，年轻的罗子君沉醉于婚姻和爱情的迷梦，丈夫的一句"我养你"，让她从名牌大学毕业生，变成了一个无所事事，只知道千方百计提防丈夫出轨的庸俗女人，并且最终被丈夫抛弃。虽然这只是影视作品中的一部分情节，却与现实出奇地吻合。

当一个女人把自己的安全感寄托在别人身上时，结果往往并不尽如人意。

一位 30 多岁的主妇说过这样一些话："一想到要跟他过一辈子，我就觉得特别难过。要是我能离婚就好了，也不用天天像个老妈子似的伺候他，不用忍受他的脾气，做饭的时候可以想吃什么就做什么，不用每天按照他的口味来。可是，离婚之后怎么办呢？我已经好多年没有工作过了，我不知道可以靠什么来养活自己，更别说养活我女儿……要是我有个一技之长该多好，那样就能自己挣钱自己花，不用看他脸色了……要是我自己会开车，想去哪儿就去哪儿，谁还求着他呢……"

一长串的絮絮叨叨，其实总结起来，不过一句话：要是不用处处指望丈夫，就不用处处受委屈了。

当一个人处处依赖另一个人的同时，也会把自己放到从属位置，在对方面前没有发言权，只能扮演一个受支配者的角色。不只是妻子与丈夫之间，朋友之间、老板与员工之间、合作伙伴之间，无不如此。

从现实状况来看，女人更容易陷入这种从属之中。在电视剧《北平无战事》中，有这样一个片段：谢襄理去崔副主任家，正赶上崔夫人数落崔副主任，便叮嘱崔夫人说：不要当着孩子的面那么跟丈夫讲话，会有损父亲在孩子心中的形象。妻子为了丈夫的形象，应该对丈夫表现出顺从，不能批评，不能顶撞。可妻子的形象呢？没有得到任何关注，或者说他们认为妻子的形象本来就是该顺从的。

　　幸运的是，当代中国女人的境遇已经好了很多，有和男人一样受教育、工作的权利。可是，如果家里很穷，不能供所有的孩子上学，那上学的机会通常会优先给男孩；如果为了照顾家、抚养孩子，夫妻之间必须有一方放弃工作，总是女人回家相夫教子；男人爱不止一个女人被称为"男人本色"，女人爱不止一个男人叫不守妇道；男人强势叫男子汉，女人强势叫"女汉子""男人婆"……

　　所以，女人要想拥有更加自由的人生，只有靠自己，摆脱种种的限制，自立自强。如果有一天必须走出父母的羽翼，也能好好生存；如果有一天要和另一半分开，也拥有一些属于自己的东西，不必仰仗他人。

　　独立并不是不需要男人，也不是封闭自己的感情，对男人冷漠无情，一心一意在职场中拼命厮杀。独立是不依赖别人而生存，拥有自己独立的人格，不懦弱，不扭曲，快乐自在地做自己。

　　独立首先是经济上的自给自足。虽然并不是每个人都有能力事业有成，但起码要有自己养活自己的能力。如果最基本的生存都要依赖于他人，独立又从何谈起呢？

　　有了经济上的自主，在优秀的另一半面前，就不会自惭形秽。遇到懒汉式的男人，不上进，不成长，得过且过，甚至指望着不劳而获的，也可以当断则断。抛却了世俗的物质因素，平等相爱，才有更多的机会收获美满的爱情。

　　与经济独立相比，更重要的是自尊与自爱。不要在情感上过于依赖任何一个人，否则，再优秀、再有能力的女人，也只能成为婚姻和爱情的附属品。

曾看到名牌大学的硕士，为了丈夫对贤妻良母的期待而离开职场，回归家庭，相夫教子，想去报班学英语都因为丈夫不高兴而不敢行动；曾见到湖南姑娘远嫁北方，却因为买了一件几十块钱的护肤品就惹丈夫生气，被婆家人围攻"批斗"，却只能忍气吞声；曾看到市场上买菜的女邻居为了多做几笔生意起早贪黑忙活，把自己从一个腼腆姑娘硬生生变成粗手大脚大嗓门的"女汉子"，却对自己丈夫的笨拙散漫无可奈何。她们并不是没有能力自立，也不是没有能力改变现状。只是当初为了所谓的"嫁给爱情"牺牲了自己，之后又一味迁就对方，才使自己变成了感情的附庸。

平等，是一段关系健康发展的前提。爱情也好，亲情、友情也罢，甚至是工作伙伴之间的交往，要想让关系健康、长久，必然需要双方都受到足够的尊重。如果过度看中某段关系，或者某个人，忘了自己的感受和尊严，必然使自己陷入被动。长久位于下方者难免会受委屈，怨气在心中日积月累，日子必然过得辛苦难熬。

而独立的女性，往往不用委屈自己去迎合别人。自己活得精彩，自然会吸引来友善和尊重。在面对一段关系的时候，不要太过于紧张它，来了，就真诚相待，走了，也不要怨天尤人。聚散离合都是人间常态，付出的爱不一定能等量回馈，清楚了这一点，往往更能以平常心对待身边的人和事，更能游刃有余处理好关系。

永远记住一句话：安全感只能源于自己的内心。

缺乏安全感，往往是由于看不到未来，对以后的日子没有把握。但当我们把一切都寄托在别人身上的时候，又怎么能确定对方是可靠的，怎么能确保这份依赖能够长久呢？所以我们应该让自己变得强大，拥有一颗坚定的心，这样你才会发现，生活比你想象得要美好。

就像黄小琥的歌《没那么简单》里那段歌词：

感觉快乐就忙东忙西

感觉累了就放空自己

别人说的话 随便听一听 自己做决定

不想拥有太多情绪

一杯红酒配电影

在周末晚上

关上了手机

舒服窝在沙发里

总之，无论你单身还是已婚，贫穷还是富有，健康或是疾病，愿你能活出自我，爱人也爱己，天真也聪慧，理智也任性，愿你能按照自己希望的样子好好生活，在人生的起起落落中保有一颗宁静的心，愿你自由自在，享受独立的快乐！

一辈子很短，请为自己而活

世界精神太忙碌于现实，太驰骛于外界，而不遑回到内心，转回自身，以待自怡于自己原有的家园中。

——黑格尔

读《红楼梦》的时候，我总觉得薛宝钗比林黛玉更可怜，虽然表面上所有人都喜欢她，但她活得太累。明明喜欢鲜艳的色彩，却偏偏只穿素色，大红袄只穿在里面。自己过生日，却只选贾母喜欢的戏目和点心。赢得了别人的欢心，却在日复一日的趋奉迎合中忽略了自己。

其实，我们的身上多少都有些薛宝钗的成分。因为在现实环境的影响下，很多时候，做自己并不是一件容易的事情。

五月天在 DNA 演唱会里的这段对白，也许更能道出我们的心声：

从小，我们就被要求一模一样。头发一样，服装一样，连人生的梦想，也要一模一样。考个像样的学校，找个像样的工作，住个像样的房子，过个像样的人生。终于有一天，我突然发现：这就是我的人生吗？日复一日，月复一月，年复一年。白衬衫，黑领带，我的人生。是不是DNA决定了我都要一模一样，一样平凡，一样普通，一样一事无成，一样困在生活的圆圈里。日复一日，月复一月，年复一年。

从小到大，我们的人生之路似乎已经被设定，总有一些人想着裁判你的人生，为你选择你以后要走的路。如果你没有变成他们期待的样子，他们就会在你身上贴上各种负面的标签。可是，不要忘记每个人都是不一样的，你活着的意义并不是复制别人的人生。

和很多人一样，从小到大，楠楠都生活在"别人家的孩子"的阴影下。那个"别人家的孩子"是她的一位邻居哥哥，比她大七八岁的样子。从小成绩优异，家里的墙上挂满了奖状，读重点高中，考上重点大学，大学毕业之后又考上公务员，端起了铁饭碗。

楠楠的父母从小就教育楠楠，要向那位哥哥学习。楠楠也很乖，一直努力学习，可是，不管她怎么努力，成绩也只是在中等徘徊。渐渐地，和邻居哥哥的差距成了楠楠心里的一个疙瘩。

　　直到有一天，邻居哥哥突然辞去了公务员的工作，想要自己创业。虽然他已经长大成人，并没有受到什么实质性的拦阻，但这件事在街坊四邻之中掀起了不小的波澜。有背后议论的，说他傻，"好好的铁饭碗不要，瞎折腾什么"，也有当面劝的，劝他老大不小了，该为自己的将来好好打算，别想起什么是什么。可他只是笑笑，不为所动。

　　楠楠说："看到他辞职我才明白，原来人的一辈子并不只有上好大学、找好工作那一条路可走。就算我读书读不过他，我也没什么好自卑的。就算是他，也有他想做的事情，不是吗？"

　　王嫣从小腼腆内向，她相貌平平，个子也不高，属于放在人堆里找不到的那种女人。她的母亲思想非常传统，认为好女孩儿应该节俭朴素，不应该擦擦抹抹，打扮得花枝招展的。王嫣的衣服都是最简单的款式，颜色也不鲜亮，一件衣服穿小了或者穿坏了才会买新的。小时候，她总觉得自己很丑，没人喜欢。从来不和别的孩子一起玩儿，学校集体活动时也总是躲到一边，不知道怎么跟别人搭话，也不知道该怎么交朋友。

　　长大之后，她依旧没有什么改变，甚至比小时候更加胆小。集体讨论的时候不敢发言，怕自己说错话，就连聚餐的时候，别人叫她点两道菜，她都不敢选自己喜欢吃的。幸运的是她遇到了一个很喜欢她的男孩子。男孩儿很善良，对王嫣也很好，他为了让王嫣开朗起来，想方设法带她出去玩儿，参加各种活动。可是，每次到了人多的地方，王嫣都会很紧张。为了不辜负男友的心意，她会假装镇定，可是在与别人接触的时候经常不知所措，经常说错话，办错事。

直到有一天，男友带王嫣回家见父母。男友的母亲是个聪明的女人，一眼看穿了王嫣的拘谨，不由得对这个女孩儿生出一份怜爱。她说："女孩儿大大方方的才好，自在一点，喜欢怎么样就怎么样，不用这么拘束。像我那几个孩子，我从不要求他们这呀那的，做好自己的本色，比什么都强。"

王嫣恍然大悟，一直以来，并不是自己不够好，而是太压抑，顾虑得太多，结果活得又累，又什么都做不好。从那之后，她开始试着改变自己，买自己喜欢的东西，做自己想做的事。慢慢地，她交到了新朋友，人也变得开朗多了。

自己的人生自己主宰，自尊自爱，才是对生命最大的尊重。为自己活着，展示自己本来的姿态，这样的女人会展现出她独特的美丽，她的生命也会更有价值。

身为郑少秋和"肥姐"沈殿霞的女儿，郑欣宜时常成为人们关注的焦点。

郑欣宜遗传了母亲的易胖体质，从小就比较胖，15岁时体重就达到了210斤。肥胖给郑欣宜带来了很多不便，她买不到合适的衣服，只能把成人衣服加大码再修改到合身。

而且，因为父母的名气，她的身材一直是人们茶余饭后的笑谈，这给她带来了很大的烦恼和心理负担。16岁时，她下决心减肥，一度瘦到115斤，圆脸变成了瓜子脸，拍了写真集，并把自己的减肥经历写成书——《我的瘦身日记》，一度成为减肥人士的榜样。

可是，减肥带给她的并不只是快乐。由于体质，她的体重稍不注意就会反弹。由于要严格控制饮食，她承受着饥饿、胃痛、失眠等各种痛苦。更让她感到心痛的是，媒体提到她的时候，无非就是胖了或者瘦了，即使她在歌唱方面取得了不少成绩，人们关注的，依旧是她忽胖忽瘦的身材，媒体和大众的评论给她的心带来了不小的伤害。

终于，在27岁那年，她决定不再减肥。经历了母亲的逝世，男友的离开，她已经看清了自己需要的是什么。

她的专辑《Joyce》的开篇曲《女神》里有这样一段歌词，"标准的审美观跟你碰撞，控诉你未符俗世眼光，你既自然闪亮没有说谎，为什么需要世人饶恕。"

王尔德说过："做自己，因为别人都有人做了。"无论是父母的期待，还是他人的评判，都不要去讨好，不要去将就。自己本来的颜色，才是生命最绚丽的色彩。每个人都是一颗种子，无论是长成一棵树，还是长成一株草，都没有高下之分，只不过是生命本来的形式。我们要做的，只是倾听自己内心的声音，按照生命本来的形状生根发芽、开枝散叶。**努力活着，不是为了成为别人，而是为了成为最好的自己！**

女人的四季

春天不播种，夏天就不会生长，秋天就不能收割，
冬天就不能品尝。

——海德

就像一年有春、夏、秋、冬一样，女人的一生也有四个季节。有一本书在概括女人的一生时，把少女、妻子、母亲、祖母四重身份分别与四季对应。我却以为不然。人的身份不是固定不变的，不一定所有的女人都会成为妻子、母亲、祖母。真正像四季一般自然过渡的，是女人自己的生命轨迹，是她的生老病死，与他人无关，与社会无关，除非她的生命过早夭折，否则，必定完整经历全部。

女人的春天无疑是她年少的岁月。呱呱坠地，然后渐渐长大成人，就像早春那枝头的芽苞、土里的种子，她凭借顽强的生命力努力生长，从幼小的婴儿，到娇嫩的娃娃，再到豆蔻年

华的少女。她睁着一双好奇的眼睛打量这个世界，她的一颗心天真无邪、纯净无暇。她还很弱小，需要一个坚实的屏障去帮她抵挡外面的风雨；她又很强大，心中向往的，永远是未知的未来和远方。

她长大了，来到了人生的夏季。她有着最强健的体魄和最旺盛的精力。她的心是不安分的，里面包藏着如火的热情。她满怀着冲劲儿去寻找自己想要的一切，理想也好，爱情也罢，只要认准了，付出一切也要全力追逐。

直到秋天来了，一阵西风吹凉了青春的热血，成熟的明澈取代了青春的迷茫。以前的追寻中所得到的，现在都结成了果实。苦果也好，甜蜜的收获也罢，她已经看透人生，不再计较太多。日子还要继续过，生活还可以变得更好，该走的路还是要走下去。

终于到了可以休息的时候，青春的容颜早已不再，青丝也已经被霜雪染白。躯体已经衰老，不再适合奔波劳碌。她可以休息了，可以放下重担，开开心心地为自己而活，享受人生最后的时光。

生命是一个过程，时间流逝着，把一个人从一个季节带到另一个季节，自然而然，不留痕迹，让人无法察觉。有的人想把温暖的春天、活力四射的夏天不断延长，有的人想在即将走向尾声的冬天里多停留片刻，但是，无论她们怎么挣扎，都敌不过时间的流逝。

身为一个女人，在看《人民的名义》的时候，我记忆最深的就是欧阳菁在被捕之后受审时的那段自白。

大学时代的欧阳菁属于女神型的人物，追求者数不胜数，可她偏偏看上了条件并不算优秀的李达康，原因是李达康曾经不惜辛苦，为她亲手挖了一袋海蛎子。小女人的心被一个肯为她吃苦、为她付出的男人所感动，对这个男人萌生了爱意。

如果故事到这里就停止，应该是很美满的。可惜生活还要继续下去，李达康的仕途一帆风顺，却不肯用自己手中的权力，给欧阳菁的弟弟一点儿帮助。家里亲戚找李达康办事，李达康也全部拒绝。欧阳菁觉得李达康不近人情，对他失望透顶，夫妻俩的关系也逐渐降到冰点。

这段婚姻的破裂当然与李达康的个性有着密不可分的关系，他为了忙工作顾不上陪伴家人，从始至终没为欧阳菁过过几次生日。但是，那些事情都是可以沟通的，最根本的问题，还是在欧阳菁身上。

自始至终，欧阳菁一直是一个"小女人"，她心里只想着那个男人是应该为她肩负一切的，却忘记了去关心他、了解他。李达康是个硬汉，有理想，有抱负，工作在他心中占着很重的分量。况且，以权谋私关乎原则和底线，与挖一袋海蛎子之类的付出不可同日而语。而欧阳菁却意识不到这一点，即使她已经事业有成，当上了银行的副行长，但她内心深处依然没有长大。

就像王大路说的，"有些品性，在少不更事的少女身上很可爱，在中年妇女身上就有些可悲，甚至可笑了。"欧阳菁的心一直活在人生的春天里，她拒绝成长，拒绝改变，所以她的人生注定一败涂地。

年轻的岁月固然美好，青春永驻永远是让女人向往的美好梦想。有的女人为了留住年轻的容颜，想尽各种办法，但总是不尽如人意。而有的女人没有执着于容貌，一直在与自己年龄相符的角色中绽放光彩，反而拥有了时光所沉淀的成熟之美。人总是需要成长的。**成熟和衰老都是生命的必然过程，与其为青春流逝而烦恼，不如顺其自然。**

有些人不愿意长大，不愿意变老，而有些人则是过早地成熟。好多女孩儿，她们在本该天真烂漫的年华过早成熟，失去了很多本该拥有的快乐。有些是因为生活所迫，放弃了天真，过早承担了生活的重担；有些是遭受了重大的打击，年轻的心在本该奋进的年龄变得消沉、淡漠；有些是因为不恰当的教育，本该活泼的孩子被教成"小大人"，失去了原有的童真，等等。

在电影《早熟》里，一对十几岁的小男女偷尝禁果，导致女孩儿怀孕。两个人经过犹豫和摇摆，最终决定把孩子生下来。男孩儿的父母被两个孩子的爱情打动，但女孩儿的父母却坚决反对，一口咬定男孩儿勾引他们未成年的女儿，发誓要把他送进监狱。两个人带着仅有的现金离家出走，找到一个荒废的小村落住下来，等待孩子的出世。为了生活，他们吃尽苦头，但一直咬牙坚持……

故事的结局还算美满，男孩儿的父母找到了他们。女孩儿早产，但平安生下了孩子；男孩儿被警察带走，在结尾时出狱，看到女孩儿抱着孩子站在路边等着他。

可故事毕竟是故事，现实生活中遇到类似状况的少年们，他们在本该读书、成长、积攒能量的时候，过早地面临抚养一个小生命的压力。他们又会面对怎样的考验，他们以后的生活又该如何？

人总是不安分的。小的时候盼着长大，喜欢过家家，喜欢扮大人，喜欢一个人在家的时候偷穿大人的衣服；长大以后发现大人是要承受各种责任、各种压力的，又开始怀念小的时候；等到老了，可以卸下身上的重担，又开始怀念年轻力壮的日子。

其实又何必呢，春生夏长，秋收冬藏，自然有四季的轮换，人生也是一样。最从容的活法儿无非是在适当的季节做适当的事情。在春天的温床中成长，让自己变得更强大；在夏天的烈日中放飞，释放年轻的生命力，享受精彩的青春；在秋高气爽中收获，自己的心已经成熟，年轻时的奋斗也有了回报；在冬天的寒冷中沉静，在温暖的屋子里回想自己的一生，如人饮水，冷暖自知。

等来的只是命运，拼来的才是人生

为了自己想过的生活，勇敢放弃一些东西。这个世界没有公正之处，你也永远得不到两全之计。若要自由，就得牺牲安全。若要闲散，就不能获得别人评价中的成就。若要愉悦，就无需计较身边人给予的态度。若要前行，就得离开你现在停留的地方。

——安妮宝贝

我有一个朋友是个十足的乖乖女。小时候在父母面前一直是老老实实的，出门的时候，永远紧紧跟在大人后面，看到自己喜欢的东西也不敢张口管大人要。上学之后，安安静静听课，认真完成作业，成绩也很不错。直到工作以后，她也是个十足的好员工，对待工作勤勤恳恳，不敢有半点儿差错；面对上级的时候，也是唯命是从，从不说半个"不"字。

许多年过去了，提起以前的事情，提到她的时候就只有一句"一直很乖"，而说起她那从小调皮的妹妹时却关不上话匣子，从小怎么捣蛋啦，怎么不听话啦，又怎么挨骂受罚啦，谈起来兴致勃勃，笑声不断。

她一直喜欢一个男孩子，但一直不敢表白，怕万一对方不同意，说破一切以后连朋友都做不了。可身为旁观者，大家都看到了那个男孩儿对她的照顾。那个男孩儿也许也喜欢她，只是因为她故意做出来的不喜欢他的姿态而不敢表示。

最近那男孩儿有了女朋友，朋友精神崩溃，哭着把心里的委屈和盘托出。

其实，这些又能怪谁？只怪她顾虑太多，总是在讨好别人，却忽视了自己；太在意那些所谓的条条框框，不敢打破。结果她只能紧绷着自己，结果放弃了那么多向往中的美好，讨好了别人，却失去了自我。

听完这个朋友的倾诉，我突然想起了契诃夫的《装在套子里的人》。小说的主人公别里科夫为了隔绝外界那些让他不安的因素，把自己装在了一个所谓安全的套子里。他总是穿着套鞋，带着雨伞，哪怕是大晴天。他的雨伞、怀表、小折刀等物件也通通套着小套子，甚至他的脸也是藏在"套子"里的，他把衣领竖起来遮住面部，用黑眼镜遮住眼睛，就连耳朵里也塞上棉花……这些套子都是有形的，更可怕的是，他甚至要把生活、把整个学校、城市都"装进套子"，被禁止的东西让他觉得踏实，而一切政府没有明令禁止的食物都让他觉得可疑、害怕。他是畏首畏尾、因循守旧的典型代表，一辈子活得战战兢兢，不敢跨过界限一步。

他原本可以过上轻松愉快的日子，他是一名教师，有一份正当稳定的工作。他在他的学校待了十五年，生活圈子里都是有文化的人，本来可以交到很多朋友。可结果呢？他把自己局限在"套子"里，不敢迈出一步，错过了人生的所有精彩。

文学的演绎是夸张的，不过现实之中，确实有很多人被一些局限的东西所束缚。他们守在一个狭小的空间里，错过了生命中的很多可能。而这些人中，女人尤其多。

从小到大，父母和长辈就一直教育我们，要做个好女孩儿。要乖，要听话，要安安静静的。男孩子可以淘气，可以大胆地闯世界，而女孩儿要温柔文静才能讨大人喜欢。虽然时代已经变了，但是我们的父母辈接受的是以前的教育，而作为他们的孩子，我们也多少受到了影响。

《欢乐颂》里的关雎尔就是这样一个乖女孩儿，说话温温吞吞的，给人一种有些木讷的感觉，在社交场合有些放不开。她懂事，识大体，想做老好人，结果却自己吃了亏。可这样的女孩儿虽然温顺，有讨人喜欢的方面，却失去了活泼与灵性，她的生活也是没有滋味的。直到她邂逅摇滚青年谢童，不顾父母的反对，义无反顾地坠入爱河时，我才从这个女孩儿身上看到她独特的生命力。

爱就去追寻，为了自己而努力，这才是生命该有的样子。

人生的旅行，就是要走自己的路，勇敢地去追寻自己向往的风景，才能为人生少留些遗憾。幸福是可以追寻的，与其退缩，不如大胆地迈步向前。眼前的山重水复并不是终点，把它甩在身后，才能见识真正的柳暗花明。生命就像种子，冲破土壤，努力向着太阳伸展枝丫，在自由的阳光和空气中，你的美才会绽放！

第 六 章

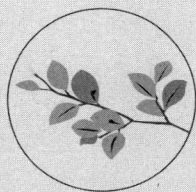

内心强大，从容自来

从容的女人需要底气

如果能追随理想而生活，本着正直自由的精神，勇往直前的毅力，诚实而不自欺的思想而行，则定能臻于至善至美的境地。

——居里夫人

1

从容是需要底气的。

有一次跟好友见面，提到她旅行时拍的那几张在沙漠上裙摆飞扬的照片，她并没有得意，而是甩给我这么一句话。

我笑了，想起了她之前的种种努力。本科时，她学的是市场营销，但是对自己的专业一点儿兴趣都没有，成绩一塌糊涂。但是她并没有像其他人那样混日子，而是从大二下学期就开始"失联"，手机整天静音，QQ和微信从不上线，一边应付本专业的功课，一边自学她的英语，只有偶尔在教学楼遇到她的时候我才知道她平安无事。大四的时候，她成功了，考上了英语专业的研究生。

而我们大多数人，四年里碌碌无为，只是看了好几百集电视剧，翻了不知多少部电子小说，逃课、睡懒觉是唯一坚持不懈的事业。靠着本科毕业证找了份工作，工作中需要什么就现学现卖，混一口吃喝，等碰了壁、吃了亏才想起来奋斗。

相比之下，从大二就开始努力的她，起码比我们领先两三年。在一大部分同龄人还在某个工作岗位原地踏步的时候，她已经研究生毕业，凭自己优越的专业水平找到了理想的工作。

我说："我也想像你一样出去玩儿，看看外面的世界，多好！"

朋友说："傻瓜，好好努力吧，玩儿也是需要钱的。"

确实，从容是需要底气的。虽然生活不只是眼前的苟且，还有诗和远方，但前提是生活可以维持下去。如果连下个月的房租，甚至下星期的饭钱，都不知道如何解决的话，还谈什么诗和远方呢？充其量是为了一口饭奔波劳碌，生活除了眼前的苟且，大概只有明天的苟且和后天的苟且了。

2

茹欣是做珠宝生意的，是个很有商业头脑的女人，从二十多岁就开始接手父亲的店铺，学了不少生意经，也积攒了很多人脉。三年前，她离了婚，开始打无休无止的官司，争孩子，争房子，争商铺，争股份……终于，前不久她赢了最后一场官司，终于结束了与前夫的种种纠缠。

她说，过去的三年是她三十多年来最艰难的日子。先是父亲病重，拖延了几个月，花去了巨额的医药费，还是没有挺过来。父亲去世之后，她又无意间从邻居的窃窃私语里听到丈夫的名字。慢慢把事情弄清楚之后，她才知道，原来丈夫早就出轨了，一直在外面租了处房子，养着另外一个女人。

她说："我的第一反应是不相信，他都亲口承认了，我还觉得那可能不是真的。可等头脑冷静下来，我知道不能这样下去。"

身边的姐妹都很佩服她，把她视为榜样，她却说："我没你们想得那么厉害，面对这样的事，我心里也乱七八糟的，有时候整夜睡不着，想着那些事情，眼泪就止不住。不过我心里清楚，离开他我没有任何损失，只能活得更好。这样我心里就有底气了，就算输了官司也不怕，店没了可以再开，房没了可以再买。这样想着，我就什么都不怕了。要是我手里没这么多资源，我也不知道我能不能做到这一步。"

她跟我们讲，在她心里最难过的时候，曾经在网络上倾诉心里的苦闷。她认识了另一个女人，跟她年纪相仿，遭遇也类似。但那个女人选择了忍耐，因为她的生活完全依赖于丈夫，甚至连工作都是丈夫托关系找的闲职。

谁都知道要维护尊严，谁都知道要为自己选择更好的人生。但不要忘了，这个世界的法则是"物竞天择，适者生存"。**只有自己强大了，在面对挫折和苦难时，才能从容不迫。**

3

琪琪很早就嫁人了，丈夫比她大几岁，是个创业公司的老板。琪琪结婚后就没再上班，每天唯一的工作就是照顾丈夫，变着花样做做饭。她每天都笑盈盈，待人也很和善，就连朋友圈里也是一片安宁祥和。几乎每天都能刷到她发上来的照片，有时候是玻璃杯里正在泡开的花茶，背景是草绿色的桌子和纯白的杯垫，精致得像艺术照一样；有时候是各种各样的自拍，搭配"享受时光""无聊"之类的文字；更多的是各种各样精致的饭菜，再加上跟老公的合照，或者是饮料、电影票之类的东西。总之，小日子过得滋滋润润，让人羡慕不已。

可是有一段时间，她忽然不发朋友圈了，隔了好久才发了新动态——"生活不易"。

只有四个字，连配图都没有。

从此之后，她的朋友圈换了风格，全是哀怨、牢骚，完全没有了之前的悠闲自在。

原来，她老公创业失败，欠了一大笔钱，又没有门路东山再起，只好出去找工作，再次成为打工一族。而她也不得不出去工作，帮老公减轻负担。

谁都愿意悠闲自在地过日子，可生活本来就不是一帆风顺的，琪琪所谓的安逸，不过是有人替她抵住了生活的压力。她可以在丈夫的庇护下过得从容自在，可人生的风风雨雨依旧存在，一旦庇护消失，依然会吹打在她的身上。

有人说过这样一句话："没有经历过人生极致的痛，拿什么资格言从容？"人生不可能一帆风顺，能经受痛苦，挺过磨难的人，才可以在面对人生的重重考验时，淡定自若，从容应对。而能够经受痛苦，挺过磨难的，都是那些知道努力让自己变得强大的人。

毕竟，从容是需要底气的。

在孤寂中认识繁华世界

人不能在顺中认识人生，必须在痛苦中，在寂寞里，认识这繁华的世界，哪是真的？哪是假的？由此而锻炼出一种明净无尘的心境，才能深刻地体验人生。

——彭柏山

她的父亲是著名作家，早年毕业于燕京大学，留校任教。与冰心、叶圣陶等人在北京发起文学研究会，创办《小说月报》。后出国留学，取得牛津大学研究院文学硕士学位。曾在北京大学、清华大学等学校授课，后出任香港大学中文系主任，是张爱玲的恩师。

她本人是一位陕西农民的妻子，与粗手粗脚、大字不识一个的丈夫搭伙过日子，相守了30余年。

年幼时的她曾经拥有过一个幸福快乐的童年。她出生在北平，当时她父亲在燕京大学担任教授，虽不久之后就因争取国学研究经费，与校长发生争执而被解雇，但在她两岁时，父亲又经胡适推荐得到香港中文系主任的职位。她也随父母到了香港。

那时候，她的生活是富裕而安适的，住的是洋房，家里有奥斯汀轿车，与国学大师陈寅恪一家有着密切的交往。

可是，幸福的日子很快便发生了转折。先是父亲去世，之后日军占领香港，母亲带着她和哥哥逃到内地，在贵州、湖南等地辗转漂泊。

面对如此巨大的变故和落差，她却表现出了与年龄不相符的平静。父亲去世的时候，年仅 8 岁的她没有哭，母亲很不高兴，责备她没有感情。她却说，当时并不是不难过，而是吓傻了。没有哭喊，没有胡闹，一个养尊处优的孩子，面对突如其来的灾难，就这样乖乖地跟着母亲开始了持续数年的逃亡、流浪。

1946 年，她们母子三人在南京定居。美术大师徐悲鸿是她父亲的故友，在他的资助下，她和哥哥结束了颠沛流离、到处转学的日子。

生活又重新安定下来，她进入了一所女子中学，后来又考入大学，学习了知识的同时，也收获了爱情。

毕业后，她顺利分配了工作，并与大学时相恋的爱人喜结连理。可这段看似完满的婚姻仅仅维持了 3 年，就在变故中结束了。她被开除公职，腹中的孩子难产夭折，而她自己则锒铛入狱。在一系列的变故之后，丈夫和她离了婚。

出狱的时候，她已经 31 岁，如花般美好的年华在牢狱中虚度，这在别人看来无疑是一种不可弥补的遗憾。可在她暮年的时候，却说自己一辈子的亮点就在监狱里："我觉得我这一辈子闪亮的点就在监狱里面。虽然进过监狱，但我不是坏人，那时候监狱里面的人性也没有多坏，我总尽量想办法来帮助大家渡过难关。三年自然灾害时，监狱里面很困难，但我们女犯人一个都没有饿死。后来劳改局派人来调查，给我记了一个功。那时候，车间停产了，大家24小时坐在监狱里，一个个低着头。这人啊，要是忙起来就顾不上想倒霉事，闲下来那些倒霉事就都想起来了，一个个地掉眼泪。这种生活状态人就死得快，我想不能让这些人坐在那儿低头垂泪，于是吆喝过来活跃一下气氛，做做操，把不好的思想都驱散了。心情好，自然能有信心往后扛。"

生活仍然继续着，她被历史的大潮推向了一个偏僻的小山村，在那里，她起早贪黑地干着粗重的农活儿，挣来的工分却连基本生活需要都难以维持。可日子还是要过下去，为了生活，她辗转近一千公里到陕西投奔哥哥。

哥哥的生活条件比较好一些，而且兄妹俩在一起能互相照顾，不必一个人孤苦伶仃。为了留在陕西，她被哥哥说动，起了再婚的念头。

第二任丈夫是个地地道道的关中农民，比她大10岁，不识字，离异，有个10岁的儿子，是一个根正苗红的贫农。她后来承认，她跟这个男人之间没有爱情基础，他们俩一个想有个女人照顾家、照顾孩子，另一个为生活所迫，想在贫苦的农村活下去。她就这样成了一位49岁老农民的妻子，一个10

岁孩子的母亲。

这是一对看起来不太般配的夫妻，一个出身书香门第，受过高等教育，另一个大字不识，没什么共同语言，总是摩擦不断。她要教他识字，他却认为没必要。她身体不舒服，让他帮她洗换下的衣服，他却说："哪有男的给女的洗衣服的？"

生活就这样继续下去，下地干活，烧火做饭，陌生的陕西方言，旱烟袋里的烤烟气味，她渐渐融入其中，成为了真正的农妇。她不抱怨，不消沉，用心维护着这段婚姻，与他订了"互不侵犯条约"，约定维持各自的生活习惯，谁也不去改变谁。而他也在潜移默化中，渐渐受她影响，有了很多改变。她在适应他，他也在关心她。她不习惯田间劳作，他就不让她做粗重的活儿；她不会用草生火，他就把家里做饭的事全包了；她病了，他在干农活儿之余，还要整日整夜守在床边照顾她。他们虽不是因爱情而结合，但在朝夕相处中培养出了一份浓厚的患难夫妻情。

8年后，她终于走出低谷，回到城市，走到了适合她的工作岗位。此时她已年近不惑，唯一的亲生骨肉也早已夭折，所拥有的，只有一段外人看来极不搭调的婚姻。很多人劝她结束这段婚姻，给对方一些钱作为补偿。她不同意，带着丈夫和继子一起进了城。她后来说："文化程度有高低，但人格是平等的。我们的道德观念基本一致……我们各按各的方式活着，就像房东与房客，过去在关中，他是房东我是房客，现在在南京，我是房东，他是房客。"

从两个人结婚，到丈夫去世，这段时代与机缘的促成下走到一起的夫妻共同生活了 30 余年。经过在磕碰中的磨合，乡村生活日出而作、日落而息的贫苦平淡，城市生活的安逸富足。苦尽甘来，白头到老。

在谈到这段婚姻时，她没有任何抱怨，也从不因为这段婚姻而高看自己。她说："这老头子没有做什么伤害我的事，十年来都和平共处，不能因为我现在的社会地位变了，经济收入提高了，就和平共处不了……文化程度有高低，但人格是平等的。我们的道德观念基本一致……我们各按各的方式活着，就像房东与房客，过去在关中，他是房东我是房客，现在在南京，我是房东，他是房客。"

在丈夫去世 8 年后，81 岁高龄的她也与世长辞。

她的一生几经波折，受尽苦难，经过几十年的风风雨雨，她依然是那个在父亲葬礼上不掉眼泪的小女孩儿。因灾难而恐惧，却不因恐惧而惊慌失措。**在惨淡潦倒之中，不哀怨，不消沉，不与痛苦死磕，而是专注地寻找生命的养分，用自己的乐观善良，滋养着身边的人。**就像春天的种子，在沃土中萌发，在石缝中也萌发；在阳光下生长，在阴影里也生长。没有强大的力量，只靠柔弱的根与茎、枝与叶，向阳光和水源伸展，撑起一片生命的绿色。

她叫许燕吉。"燕吉"这个名字寓意为：燕者，生于北京也；吉者，可冲晦气也。她的父亲许地山是民国著名小说家、散文家，他的散文《落花生》被选入小学语文教材，留在无数人的童年记忆中。

有思想，才有气场

一个能思想的人，才真正是一个力量无穷的人。

——巴尔扎克

有一天，一位女友跟我说，身为一个女人，应该有思想。

女友是那种典型的文艺青年，喜欢小资情调，经常在周末的时候画着精致的妆，去电影院看一部文艺爱情片，或者拿着一本时下最火的畅销文艺书，在咖啡厅里坐一下午。她的朋友圈可以用"精美"两个字来形容，加上了各种各样美化效果的生活片段组合成九宫格，配上精心斟酌过的文字，创造出一个有一种清新高雅格调的小世界。

但我却知道她毕业以后没出去找工作，父母把她送到亲戚的公司里做文职，一直做到现在。工资不高，租房、吃饭已经消耗了大半，为数不多的结余又被她吃吃玩玩儿花个精光。毕业几年，没有恋爱，没有存款，没有过硬的职业技能，除了年纪长了几岁之外，没有任何改变。

也许在她眼里，她所营造的生活姿态，就是有思想的女人应该有的样子吧。可我却不以为然。在我看来，比起所谓的小资生活，思想应该是一种深层次的东西。

从入职那天开始，桃子就显得与众不同。别人掐着时间冲到公司打卡，她总是提前 20 分钟左右到。别人在休息时间聊电视剧，聊衣服，聊护肤品，她把头埋在英语书里，从不插嘴。别人下班之后宅在家里追剧、玩儿手机，她坐在台灯下学习到深夜。别人星期天出去吃饭、逛街，她去图书馆。

一直以来，同事们都很不理解她，不知道她每天抱着一本英语书在学什么。直到有一天，公司打算派人去国外谈业务，需要精通英文，桃子成了最适合的人选，大家才恍然大悟，纷纷夸桃子有先见之明。

桃子说："说真的，我也不知道会有这么一个机会。只是因为我英语底子不错，不想荒废了，所以大学毕业之后一直没扔下。虽然毕业了，出来上班了，但人总得学着点儿东西。虽然不一定会有什么实际的好处，但学到些东西，时间总没有白白浪费，无论怎样都比原地踏步强得多。"

这才是真正有思想的女人。她明白人生的意义，并知道如何去奋斗。

如果把女人比作一本书，那么她的外表就是书的封面，而书的内容，则是她的思想。精美的封面可以在第一时间吸引人的眼球，也可以让一本书成为书架上的一个精美的装饰，然而，决定这本书价值的，却是书里写的东西。女人亦如是，外貌可以引人注目，但只是表面。只有思想，才能决定一个女人的内在价值。

我曾无意间听说 Facebook 创始人兼首席执行官扎克伯格的妻子是一位华裔，一时兴起去网上搜她的照片，结果照片上的女人相貌平平，长得偏黑，而且皮肤看上去也有些粗糙。如果混在人堆里，根本就找不出来。我很惊讶，一般有钱的男人都喜欢年轻漂亮的女人，而这位年轻有为的"第二盖茨"竟然会娶这样一个女人为妻。

不止是我感到意外，很多人都不理解扎克伯格，甚至嘲笑他。针对这个问题，扎克伯格曾做出过这样的回应：

> 我先谈谈什么是美女，什么是丑女。
>
> 是的，我有大把的机会见到各种美女，可是我看见那些所谓的美女，心是玻璃心，病是公主病，还有傲娇症，还问我为什么那么有钱了却不换一辆豪车。我知道她想换豪车是想出去显摆，是想自拍发 facebook 吧。
>
> 这样的女人就算外表再美，心灵也是索取的，因而也是丑陋的，灵魂是肮脏的。这样的美女，我看才真正是丑女，白给我也不要。
>
> 而且，外表的美是会随着年龄贬值的，而内在的美是会随着岁月增值的。这一点，华尔街所有的经济学家都懂得，所以我和他们一样，不会去碰那些会迅速贬值

的东西。

那么我爱普莉希拉·陈什么呢？

女性的容颜是她心灵的写照，她的笑容永远是清丽温和的。自从怀孕之后，她也完全没有在意自己的容貌因为怀孕而产生的变化，依然是朴素的穿着，不施粉黛，可是她的幸福我完全感受得到，也可以被所有人看见。

我爱她的上善若水与真实质朴。我爱她的表情：强烈而又和善、勇猛而又充满爱，有领导力而又能支持他人。我爱她的全部，我和她在一起，感觉很舒适很自在很放松。

扎克伯格的妻子普莉希拉是一位儿科医生，毕业于哈佛大学，曾在加利福尼亚大学旧金山分校医学院深造，精通三种语言。就像扎克伯格所说，"强烈而又和善、勇猛而又充满爱，有领导力而又能支持他人"，这个女人的美是由内而外的。她曾发布过一个终极目标——在 2100 年前治愈所有疾病。为了这一目标，未来 10 年中她将投入超过 30 亿美元。

她说："这些都是宏伟的目标。我们需要做出赌注，我们可能需要 25 年、50 年甚至 100 年才能完成这些目标。如果我们从现在开始启动，我们将可以取得实质进步。"

有思想的女人，对人生、对世界有自己的认知，她的内心强大，足够支撑自己笃定的人生信念，并向着目标努力前行。无论对事业，还是对家庭，无论对个人，还是对社会，她们都有自己的主见，可以明辨是非，理智对待。

这样的女人是能做成大事的。就像孙俪在电视剧《那年花开月正圆》里塑造的荧幕形象——周莹。虽然生在封建社会，但她精明干练，有勇有谋，并没有被"三从四德"之类的传统思想束缚住头脑，而是在丈夫和公公相继去世之后，扛起整个家业，成为生意场上的风云人物。性别、身份限制不住她的思想，她明白自己要做的是什么，也懂得如何去做。

有思想的女人身上有一种不寻常的气度，能客观、独立、冷静地面对人和事，潮流扰乱不了她，别人的言语左右不了她。不做作，不包装，全心全意地朝自己的目标迈进。她的内心是丰富的，是耐人寻味的。而她的美丽，只有用心的人，才能读到。

两个人不嫌弃，一个人不孤独

当你简化你的生活，宇宙的法律将更加简便；孤独不会孤独，贫穷不会贫穷，也不虚弱无力。

——亨利·戴维·梭罗

有人说，人活到一定年龄，有四样东西必须要扔掉：没有意义的酒局，不爱你的人，看不起你的亲戚，虚情假义的朋友。

不知道你有没有这样的经历：夜深人静的时候，一个人待在屋子里满腹心事，想找个人说说话，可看着一长串的通讯录，或者聊天软件上的好友名单，却找不到一个可以说话的人。

曾经在深夜接到一个电话，是一个好多年没有联系的老同学打来的，我只能听出来她正在哭，或者刚刚很大声地哭过。我不知道她为什么会给我打这个电话，因为一开始的半个小时里，我能听到的只有她抽噎的声音，而她说的话，我一个字也没听清楚。

电话那端是一个伤心到失去理智的人，我没有办法，只能安安静静地听着。过了好久，她才把要讲的话讲完，情绪渐渐平复下来，跟我聊了几句无关紧要的话，挂掉了电话。

这么一折腾，我的睡意早已消失得无影无踪，只好翻朋友圈打发时间。却看到两个小时以前，那个在电话里嚎啕大哭的女人，刚刚把她聚会的照片晒在朋友圈里，食物丰盛精致，气氛愉快热闹，照片里的每一个人笑容都很灿烂，包括她自己。

很早之前她就加了我微信，只是从来没有说过话。我知道她的朋友圈一贯是这种风格，热闹的聚会，许许多多朋友。可在她伤心难过的时候，却找不到一个人来倾诉心事。不知道她心中的郁闷累积到什么程度，才想起我这个多年没有联系，彼此之间早就没有了交集的故人。

我们身边总是有这么一类人，他们总是把所谓的"人脉"当成资本，张口闭口就是他曾经见过什么人，认识什么人，跟什么人有过往来。然而，他却不知道，他提到的那些人并没有拿他当回事，他接触的人虽多，却没有哪个可以称得上真正的朋友。

我们经常想尽一切办法，努力融入一群人之中。明明不喜欢晚睡，可是其他人都想嗨到半夜，于是跟他们玩儿到凌晨才回家；明明吃不了辣的，可一伙儿人一致决定吃川菜，于是为了配合大家，一顿饭没吃两口，还是没免得了上火生病；明明不喜欢电视剧，为了跟大家有的聊，也一集一集、一部一部追着看……

可努力的结果呢，看起来很合群，有很多朋友。可做的都是自己不喜欢的事情，心里一点也不开心，一个人的时候，反而更觉得空虚落寞。

也许有人会说，"人脉"是一种资源，和友情根本就是两回事。可他们不知道，在利益层面，社交是没有任何价值的，真正的规则是等价交换。**只有自己足够强大，有能力提供给别人一些他们想要的东西，在你需要帮助的时候才能如愿。**

人生苦短，与其在没有意义的社交上浪费时间，倒不如去做一些能让自己感到快乐的事情。有时候孤独也是一种享受。

作为一名艺人，梁朝伟一直和外界保持着一种疏离感。他很少传出负面新闻，对圈子里的应酬交际也并不热情。

在一次访谈中，张国荣曾经这样形容过梁朝伟："伟仔是一个很怪的人。我、王菲等一帮朋友经常在他家打牌，大家玩得不亦乐乎，只有伟仔不参加。他竟然一个人躲在一旁喝茶。"

拍完戏的时候，大家都出去喝酒、唱歌，梁朝伟却不参加，只放下一句："你们玩，我回家。"

工作之余，在别人聚在一起玩乐的时候，他退回到自己的小世界里，享受着孤独的乐趣。

他喜欢读书，从中国读到外国，从现代主义到悬疑推理，徜徉在书的世界里寻找自己的快乐。

他追求美的东西，会买票去中央公园看雪景，会在片场放烟花，最喜欢的事情就是看流星。

他画画、禅修，安安静静地感受世界，认识自己，感悟生活。

他的生活简单却充实，孤独而精彩。

刘若英与钟石的幸福婚姻让人羡慕不已，曾经有很多人问过刘若英，她是如何保持婚姻生活的幸福甜蜜的。刘若英说："我们都保有孤独的自由。"

在家里，他们两个人分别有一个自己的书房，布置在房子对角线最长距离的两段，一进家门，两个人一个往左一个往右，彼此互不打扰。

表面上看来，这样的相处模式也许不够亲密，但实际上，他们不仅相爱，而且找到了最恰当的相处模式。

刘若英说："孤独感是与生俱来的，不会因为你是一个人，所以必定孤独，或因为有人相伴，所以圆满。"

叔本华说："只有当一个人独处的时候，他才可以完全成为自己。谁要是不热爱独处，那他就是不热爱自由，因为只有当一个人独处的时候，他才是自由的。"

孤独的时候，才能安安静静地与自己对话，思考生活中的苦与乐，倾听自己内心深处的声音。

1845 年，梭罗只带着一把斧头，在瓦尔登湖边建了一件小小的木屋。他在木屋里独自居住了两年零两个月，验证了他所悟出的人生真谛："一个人，只要满足了基本生活所需，不再戚戚于声名，不再汲汲于富贵，便可以更从容、更充实地享受人生。"

后来，他写成了一部名作——《瓦尔登湖》。

"一个人，放下得越多，越富有。"他用自己的行动诠释了这个道理。

一个人，只有在他独处的时候，才是实实在在的自己。孤独的人是自由的，不受任何拘束。

能干而不失女人味

女性如果有才气，如果因惊人的美丽而生气勃勃，就表现出高雅秀逸的风姿。

——帕斯卡

如果把"女人"和"能干"这两个词结合到一起，我想，很多人脑海中都会浮现出一个女强人的形象吧，做事雷厉风行，无论在工作上还是在生活上都表现出一副"女汉子"的姿态，活得像一个斗士。

殊不知，女人太强势会给人以压迫的感觉，并不能让人欣然接受，甚至会引起周边的人的抗拒。而真正有能力的女人，不一定会表现出多么强烈的外部行动，有时甚至可以很温柔，却能在不知不觉间让人心悦诚服。女人的强大与外表的强悍没有任何关系，有一颗强大的心，同时又能不失女人的韵味，才是真正的强者。

杨澜的名字是连同《正大综艺》、春节联欢晚会一同深深地烙在了中国观众心中的。而她的转折点正来自应聘中央电视台《正大综艺》节目主持人。

在此之前，她只是北京外国语大学的一名普通大学生。当时，泰国正大集团结束了与几个地方台的合作，转与中央电视台共同制作《正大综艺》。双方决定要挑选一位有大学经历的女孩儿做主持人，杨澜也被推荐参加试镜。

说实话，杨澜并不被人看中，只是因为她气质较佳，所以才能一路过关斩将杀入总决赛。后据一位导演透露，虽然杨澜被视为最佳人选，但是有的人认为还不够漂亮，所以是否用她尚不能确定。

最后选定人选的时候到了，电视台主管节目的领导也到场了，他们要在杨澜与另外一位杨澜也不得不承认"的确非常漂亮"的女孩儿中间选择一人，这将是最后的选择。杨澜的好胜心一下子被激起，她想："即使你们今天不选我，我也要证明我的素质。"

这次考试两人的题目是：一、你将如何做这个节目的主持人；二、介绍一下你自己。

杨澜是这么开始的："我认为主持人的首要标准不是容貌，而是要看她是否有强烈的与观众沟通的愿望。我希望做这个节目的主持人，因为我喜欢旅游，人与大自然相亲相近的快感是无与伦比的，我要把自己的这些感受讲给观众听……"在介绍自己时，杨澜是这样说的："父母给我取'澜'为名，就是希望我有像大海一样的胸襟，自强、自立，我相信自己能做到这一点……"

杨澜一口气讲了半个小时，没有一点文学参考。她的语言流畅，思维严密，富有思想性，很快赢得了诸位领导的赏识。人们不再关注她是否长得漂亮，而是被她的表现深深吸住了。据杨澜后来回忆说："说完后，我感到屋子里非常安静。今天看来，用气功的说法，是我的气场把他们罩住了。"

当杨澜再次回到那个房间，中央电视台已经决定正式录用她了。

内涵与修养是一个女人的底子，她的风度翩翩，她的有理有据，比美丽的容颜更能让人折服。

作为一个女人，要懂得修炼自己，不仅是外表的仪容，更重要的是提升自己的内在。女人要把自己当作"蓄电池"，要不断给自己充电，边工作，边学习，积累自己的知识与经验，站在常识、知识、经验的台阶上，用一双充满欣赏和不断有所发现的眼睛去观察这个世界，将这个美丽的世界纳入其中、融入心灵。

《中国妇女》杂志曾刊载一篇文章说，三年前作者回河北老家探亲，见到表妹，险些哭出来。她原本是个天真烂漫的少女，虽是农家女，那细嫩的皮肤，一碰，几乎能碰出水来。不料，婚后竟然苍老得吓人，额头布满了皱纹，腰也弯了。每天早起晚睡，侍候公婆、丈夫、孩子，还要下地干活儿，像个被抽得团团转的陀螺，无片刻歇息的时候。住了三天，她只说了一句话，还是切菜时说的，她说："我命苦，才托生个女人。"

这年年初，作者又见到了表妹，觉得她像换了一个人似的，再也没有那老气横秋的样子，充满了精力，充满了喜气。原来，她已当上自办的刺绣厂副厂长，忙得很。现在她成了家庭的经济大梁，挣的钱比丈夫多上几倍，每天公公、婆婆、丈夫抢着做家务，她快成了家里的"国王"了。

文章中的"表妹"曾经是一位在苦闷中操劳的家庭主妇，当她抓住时代的浪潮，在新时代中开拓新境，不仅赢得了社会的承认，同时一扫过往生活中的晦丧之气，成了一个神采奕奕、充满了喜气的成功女人。

在开阔的社会环境中，女人可以参与到社会的方方面面，有了更广阔的发展空间。现代社会竞争异常激烈，女人不但在和女人竞争，同时也在和强大的异性竞争。时代的变迁让女人困惑，有些女人抱怨说："心情无比郁闷，我们又不是孙悟空，怎能做到 72 变？谁不想游刃有余穿梭于工作与生活之间，既当'大女人'又当'小女子'，谁不想事业和生活都如意呢？"

一位成功女士曾说："让我感觉到困惑的是，为什么有人一定要把成功的女人定义为女强人？"

其实，女人的温柔优雅和成功并不是对立的，而是相融的。成功与强势之间并无关联。无论是在事业上还是在家庭中，女人要做的，只是保持自己的本色，"我只是女人"，女人的柔软、温暖和稳定同样也是一种力量。

德国女总理安格拉·默克尔 35 岁就已步入政坛。2005 年

11月22日，在与对手、时任总理施罗德较量数月后，默克尔终于如愿以偿宣誓成为德国历史上首位女总理。

默克尔结过两次婚。1977年，她嫁给了大学期间认识的一位物理学家，两人于1981年分道扬镳。默克尔现在的丈夫是柏林大学化学教授萨乌尔。尽管萨乌尔和默克尔的形式风格大相径庭，但是外界公认这对夫妇相处得非常默契和融洽。这一切源于互敬互爱，在两人相聚时，默克尔从来不会摆总理架子，展现出妻子应有的温柔一面；在默克尔滔滔不绝地讲话时，萨乌尔也会默不作声地认真倾听。

默克尔在接受采访时表示，她仍然喜欢忙里偷闲逛超市，喜欢自己去购物，做些家务。"尽管工作充满压力，但是我总是找机会和朋友家人进行沟通，谈谈每天发生的事情，交流交流感情。丈夫、父母和朋友们在我眼里都非常重要。"

谁不希望看到一个美丽而快乐的女人呢？能干的女人自立自信，优雅的言谈举止中总是透露不让须眉的冷静与坚韧；她们精明豁达，为人处世干净利落又不失柔女子的风情万种；她们有足够的阅历与资本，先知先做，爱己爱人，在不经意间谱写了一曲曲"美貌与智慧"并存的动人旋律，在干练之中流露出独特的女人味。

第 七 章

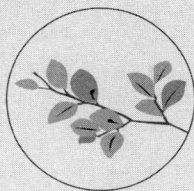

因为超脱，所以不受羁绊

人生是一种开放式选择

> 物质越丰裕，我要的却越少；许多人想登上月球，我却想多看看树。
>
> ——奥黛丽·赫本

前段时间回老家，去隔壁琳琳家串门的时候，却发现她家已经炸开了锅。起因是琳琳辞掉了工作，要去搞摄影。

琳琳是我小时候的玩伴，上高中之前基本上每天都在一起玩儿，高中以后因为学习紧张，再加上没有上同一所学校，又不是同一个年级，交集才渐渐少了。大学毕业以后，琳琳在市区找到一份工作，从一名普通销售一路干到销售经理，前段时间还听说她有希望升为销售总监。这次听到她辞职，别说她父母接受不了，就连我也着实吓了一跳。

当我满心错愕，正在消化这个消息的时候，琳琳却对我说："毕业的时候只想着多赚些钱。直到现在我才想明白了，挣得再多又怎么样？每天被自己不喜欢的事情缠着，存了多少钱，买了多少东西，都觉得不开心。年纪轻轻的，为什么不去做自己喜欢的事情呢？"

我听了之后，一瞬间明白过味儿来，理解了琳琳的想法。

琳琳确实有摄影的天赋，上大学时就参加了摄影协会，经常混在一帮男孩子中间，背着沉甸甸的单反出去拍照。她有的时候会把拍到的风景晒出来，每一次的取景都很恰到好处，不需要刻意的美化修饰，就是一幅赏心悦目的图画。琳琳的家庭并不富裕，大二的时候，她为了买相机，当家教、做促销挣钱，放弃了别的女孩儿都特别重视的穿衣打扮，甚至连饭钱都可以省。那部相机一直陪伴着琳琳，直到她大学毕业，开始参加工作。虽然买不起昂贵的摄影器材，但琳琳的眼光独到，总能在别人司空见惯的场景中发现美丽的画面，只凭一部相机、一个镜头，就能拍出动人的风景。

可毕业之后，琳琳的动态开始换了风格，照片里的内容，要么是加班工作的"内心独白"，要么是聚会时炫目灯光照射下的精致菜品，或者精致店铺作为背景的一杯咖啡的特写。

琳琳其实挺适合做销售，工作的这几年，她的业绩很好，挣了不少钱，职位也在顺利上升。可我却早已屏蔽了她的朋友圈，总觉得那些为了工作精挑细选发出来的内容，还有繁重的工作之后疲惫状态下的所谓休闲，不如当年随手拍下的风景有味道。

我想，如果我是琳琳，也会做出同样的选择。人生的意义，并不仅仅是一份高薪的工作那么简单。

我打开朋友圈，解开了对琳琳的屏蔽，期待着借她的镜头看到一片更广阔的天地。

想起了另一个女孩儿，她所选择的路，与琳琳完全不同。

北漂两年之后，林夕毫不犹豫地回到了老家的小县城。据说是因为过年回家的时候相了一次亲，双方都很满意，已经决定要结婚了。男方家是小城里数一数二的有钱人家，家里只有一个孩子。林夕生得很好看，身材高挑，清秀白净，又是本科学历。男方对她很满意，相过亲没两个月，就张罗着要定日子结婚。

回家后的林夕过了一段舒心的日子，男方家托关系给她找了一份清闲稳定的工作，她每天的日子，除了逛淘宝、追剧，就是吃吃玩玩。婚礼也在她轻轻松松享受新生活的时候到来了，场面铺张热闹，一切配置都是最高档次，足够让小城里的人谈论一段时间。

林夕结婚之前，曾经给我发过一张她最满意的婚纱照，照片里身披白纱的她笑靥如花，身后的背景是一片一眼望不到边的油菜花田。只是身边的男人有些煞风景，矮胖的身材，有些秃顶，明明跟林夕年纪相仿，看起来却像大好几岁的样子。

林夕说，离开北京的时候，她早已厌倦了一个人在外面打拼的日子，只想找个人安顿下来。她成功了，只是不知道现在的她会不会想念大城市自由的空气，也不知道那个连书店都很少的小城镇，能不能安放她已经读过很多书，见过很多世面的灵魂。

汪月和林夕是结伴去北京闯荡的，却选择了截然不同的两条路，最近一次职位调动，她抓住了机会认真准备，成功升了职。这与她平时铆足了劲儿的工作状态也是分不开的。熬夜加班对她来说是家常便饭，忙到跟朋友见面都抽不出时间。

有一段时间，她的朋友圈里全是不舒服、好困、好累之类的字眼，文字里满是落寞与孤独。可一转眼，她又开启励志模式，开始加班、赶工、奋斗了。劝她好好休息一下，她却说是要抓紧攒钱，从 C 城买房子。

终于，她撑不住了，大病了一场。病好之后，她请了长假，说要好好休息一下。她没有向往常休假一样出去旅游，也没有报班学东西，只是偶尔发一张照片，或是在散步，或是在外面喝茶，或是自己动手做了可口的美食。

打开朋友圈，琳琳又发新照片了。前面几张的画面空灵而宁静，蔚蓝的天倒映在碧绿的湖水中，仿佛仙境。后面几张是热闹的街市，晒黑了不少的琳琳笑得像个孩子。

林夕当妈妈了，头像换成了孩子的小手，朋友圈里分享的也全是孩子的点点滴滴。最多的镜头是母女两个亲密地拥在一起，笑得甜甜蜜蜜。

汪月还在休假，不知道等假期结束之后，她会怎样安排以后的工作和生活。不过我觉得，她心里已经有了答案。

人生是一种选择，过去的选择，决定了现在的境况，现在的选择，又决定着未来将要度过的是怎样的日子。人生的路没有定式，这个世界上还有好多美好的东西值得去追寻，只要在面对着岔路的时候，要记得自己想要去的方向。

角度不同，得失亦不同

要做到内心强大，一个前提是要看轻身外之物的得与失。患得患失的人，不会有开阔的心胸，不会有坦然的心境，也不会有真正的勇敢。

——于丹

那年她 48 岁，是一位全职主妇，有一位优秀的丈夫和一个已经上大学的女儿。家里的日子还算殷实，什么都不缺。看着在职场上小有成就的丈夫和已经长成大姑娘的女儿，她觉得自己半辈子的付出都是值得的。

可是，就在这个时候，她用心维护的家庭遭受了灭顶之灾。原来她的丈夫早已出轨，外面那个女人找上门来，对她耀武扬威。她哭、闹，换来的却是丈夫日益冰冷的脸色和一张离婚协议书。

面对丈夫的绝情，她只好离开那个自己住了二十多年，辛苦打理、照顾了二十多年的家。

生活还是要继续下去的，她年近半百，一无所有，想要重新开始，看起来无比艰难。可让人料想不到的是，在离婚之后第二年，她就开了自己的英语辅导班。从几个学生、小班授课，到有二十多个员工、在当地小有名气的英语教育机构。

原来，她年轻的时候是一位特别优秀的英语老师，本来有特别好的发展前景。结婚之后，夫家希望她能专心照顾孩子。期间有抗争，有矛盾，有吵闹，而结果是她牺牲了自己的前途，换来家庭二十多年的安宁。

而如今，这份安宁一去不返，她却重新找到了属于自己的价值。

这一失一得，细想起来，让人心生感慨。

有一天，一位住在深山里的农民得到了一些苹果的种子，他把它们种到深山，打算等结出苹果以后去集市上卖钱。

经过两年的辛勤耕种，种子终于长成一棵棵苹果树，结出了许许多多的果子。农民看了很高兴，虽然因为种子不够，果树的数量还太少，但是把结出的苹果卖了还是能赚一笔钱。可是，当他有一天进到山中，打算把成熟的苹果摘下来去卖的时候，却发现红彤彤的苹果被飞鸟和野兽吃了个精光，只剩下满地的果核。

他大哭起来，卖苹果改善生活的梦想破灭了，他只好继续过着穷困的日子。

很多年之后，这位农民又一次来到那片山野，突然愣住了，在他的面前生长着大片的苹果林，树上结着累累硕果。

原来，飞鸟和野兽吃了苹果之后，把果核吐了出来，果核里的种子生根发芽，长成了一片更大更茂盛的苹果林。

有时候，失去也是一种获得。有些事看似使你受到了损失，其实它带给你的可能比你失去的还要多。当我们面对失去的时候，不如用乐观的心态去看待它，有时候，舍得放弃，才有所收获。况且失去的已经失去，此时此刻还拥有着的，才是最值得珍惜的。

有一个人因为车祸失去了双腿，亲戚朋友们都来慰问他，对他表示极大的同情，他却说："这事确实很糟糕。但是，我却保存下了性命，并且我可以通过这件事认识到，原来活着是一件多么好的事情——而以前我却从未这样清醒地认识过。现在，你们看，我不是一样顺畅地呼吸，一样欣赏天边的云朵和路边的野花？我失去的只是双腿，但却得到了比以前更加珍贵的东西。"

每一片叶子都有两面，人生也是如此，成败、祸福、得失，在所难免。与其为了一时的得失而耿耿于怀，倒不如换个角度看问题，多想想积极快乐的一面，用乐观的心态来面对生活。

想起一则寓言：有一只狐狸发现了一株葡萄藤，上面结满了香甜诱人的葡萄。狐狸很想吃到葡萄，无奈葡萄藤被围墙挡着。于是它找啊找，终于发现墙上有个小洞。可是这个洞太小了，它钻不过去。

于是它在围墙外面绝食六天，饿瘦了一大圈，终于钻过小洞，吃到了它心心念念的葡萄。它饱餐一顿，心满意足，结果想通过原来的小洞钻到墙外的时候，发现肚子大了一圈，又钻不过小洞了。

因为怕园子的主人抓住自己，狐狸只好又绝食六天，又把自己饿瘦了，才从小洞钻了出去。

一切又回到了起点，在围墙外是饿着肚子，出来之后依旧饿着肚子。狐狸折腾了整整十二天，却好像什么都没有得到。

真的什么都没有得到吗？如果它没有钻进围墙，就永远不会知道那些葡萄是什么滋味。而现在它尝到了心心念念的葡萄，也见识到了院子里面是什么样子。

女人要淡然地面对人生的得与失。有副对联说得好："得失失得，何必患得患失；舍得得舍，不妨不舍不得。"**人生当豁达一些，要懂得及时放下，不为一时的得失而自寻烦恼。**

生命是一种体验，每个人的贫富美丑、高低贵贱可能并不相同，但他们的人生必定是独一无二的。对于女人而言，与其计较一时的得失，倒不如好好享受生命的过程，珍惜生命中的每一次起落，才不枉此生。

放下过去，才能遇到新的风景

真正的拥有，是永远在心底里开的花，而不是死抓着手中不肯放手的枯枝。

——素黑

从前有个女人，终日活在烦恼之中，她总觉得自己这一生吃尽了苦头，从来没有轻松过。细细数来，这些年，来自朋友的背叛，来自家庭的离弃，来自父母对兄弟的偏袒，来自兄弟对财产的纷争，每件事都让她郁结于心。这些纷杂的是是非非搅得她终日不得安宁，日日活在苦闷之中。

有一天，她终于无法忍耐这种日子了，于是她背上自己的行囊去找传说中的佛陀来帮她解除自己的苦难。

佛陀听完她的倾诉便问："朋友的背叛，谁人之过？"

她说："朋友，我对朋友一向用心。"

佛陀问："家庭的离弃，谁人之过？"

她说："家庭，我对家庭一向照顾有加。"

佛陀又问："父母对兄弟的偏袒，谁人之过？"

她说："父母，我对父母一向很孝敬。"

佛陀再问："兄弟对财产的纷争，谁人之过？"

她说："兄弟，我对财产一向无争。"

佛陀笑而不语。她疑惑不解："我终日活在苦恼里，请指点一二。"

佛陀回答："真正能解脱你自己的，只有你自己。"

女人不解地问："可是我心中充满了无限的苦恼和困惑啊，我能怎么办呢？"

佛陀笑了笑，再次说："是谁把这些苦恼和困惑放进你心里的呢？"

女人沉思良久，没有只言片语。

佛陀继续说："那么是谁放进去的，就由谁拿出来就好了。"

生活或许给予我们诸多不幸，我们无力改变，但是要选择痛苦煎熬，还是乐观面对，都是在我们一念之间。

心中的苦恼，只不过是我们自己心中一时无法自拔的执着，能够解脱的，只有我们自己。

在电影《我不是潘金莲》里，李雪莲一开始为了生二胎策划了一场假离婚，结果丈夫娶了别的女人，假离婚稀里糊涂地变成了真离婚。她想为自己讨回公道，证明当初的离婚是假的，结果却莫名其妙被前夫说成"潘金莲"。从此她开始走上告状的道路，从镇里告到县里，从县里告到市里，一路告到了北京，把法院庭长、院长、县长甚至市长全都拉下马，结果还是没有证明假离婚的事情，对于她自己是不是"潘金莲"的事儿也没有个说法。

为此，每年春天她都想方设法去北京告状，她所在的省市县每年都会上演一出围追堵截的闹剧。这样一折腾，就是二十年。

李雪莲耗费半生，费尽心机上京告状，结果她要告的人——她的前夫秦玉河——车祸去世，整个事情不了了之。状不能再告下去了，她的整个人生忽然失去意义，甚至想到过死，不过她最后还是走了出来，开始了新的生活。很多年之后，当熟悉她的人把她告状的事情当作故事来讲的时候，她也跟着一起笑，好像说的不是她自己，而是另外一个人。

她醒悟了，一个人耗尽一生追求的东西，也许到头来只是一场空。不如活在当下，放下心中的执念，放开自己所执着的，活着，就要轻松自在。

是啊，在面对婚姻与感情时，女人特别容易陷入执念。有时是因为自己付出太多，不甘心放手；有时是因为怕孩子失去完整的家；有时只是单纯想维护婚姻的空壳，去安放她们没有安全感的灵魂。殊不知，真正的安全感，是放开之后的自信和释然。

时间会冲淡一切，半辈子都放不下的执念，当一切都过去的时候，不过是一个笑谈。如果李雪莲能早些领悟到这一点，她就不必把美好的年华都放在无谓的纠缠上，她也可以有更多的时间、更多的机会去找寻属于自己的幸福。

在仇恨和怨愤中纠缠不清，浪费自己宝贵的生命，又何必呢？凡事看淡一些，把心放开，一切都会变好。当你到达一个新高度的时候，偶然回首，就会发现，**曾经你觉得比命还重要的人，只不过是人生中的一个过客；曾经你认为比天还大的事，其实只是过眼云烟。**

人总是执着于某些东西，有时候是某种执念，有时候是某种利益，可到头来，结果却常常是自己被那些东西所束缚，付出的代价比所执着的东西更为宝贵。

曾看到一篇新闻，一位 21 岁的高中复读生，因为压力太大，在高考当天跳楼自杀。一条年轻的生命就这样夭折，让人可悲可叹。其实又何必呢？高考不是人生的唯一出路，考不上理想的大学，并不意味着人生的失败。人生的路要一直往前走，没有必要一直停滞在高考这一件事情上，更不该就这样草草结束自己的生命。

一位前重量级拳王谈到失败时说："比赛的时候，我忽然感到自己似乎老了很多。打到第十回合，我的面部肿了起来，浑身伤痕累累，两只眼睛疼得几乎睁不开，只是没有倒下罢了。我模糊地看见裁判员高举起对方的右手，宣布他获得比赛的胜利。我不再是拳王了。我伤心地穿过人群走向更衣室，有人想和我握手，另一些人则含着眼泪，失望地凝视着我。一年以后再度与对手交战，我又败了。要我完完全全不想这件事，实在是太困难、太痛苦了。但我仍是对自己说，从今以后，我不必生活在过去，不要为打翻的牛奶哭泣。我一定要勇敢地面对这一现实，承受住打击，决不能让失败打倒我。"

这位前重量级拳王实现了他的诺言。他承认了失败的事实，跳出烦恼的深渊，努力忘掉一切，集中精神筹划未来。他的成就是经营比赛、宣传和展览。他使自己忙于具有建设性的工作，没有时间为过去烦恼。这使他感到现在的生活比当拳王时的生活还要快乐。他在不知不觉之中实践着莎士比亚的一句名言："聪明人永远不会坐在那里为他们的损失而哀叹，却情愿去寻找办法来弥补他们的损失。"

人生不能事事如意，生活也不能样样顺心。是你的，别人抢也抢不走；不是你的，怎么留都留不住。**所以不用跟自己过不去，因为没必要；不用跟别人过不去，因为没价值**；不用跟任何事情过不去，因为纯属浪费时间。**看得透，处处生机；看不透，处处困境。**做什么样的人，决定权在自己的手里；拥有什么样的人生，也取决于自己所走的路！

倒不如把一切看淡，得之我幸，失之我命，心宽路才宽。放下，才是真正的解脱。

把包袱扔在路边，任人去捡

在人生的大风浪中，我们常常学船长的样子，在狂风暴雨之下把笨重的货物扔掉，以减轻船的重量。

——巴尔扎克

老公不回家，每个月给你 10 万，你愿意吗？

有一个女人用行动告诉人们：她愿意。

她是一位日本明星，嫁给了一名台湾富商，每个月从老公那里拿到 11 万人民币的生活费，平时除了带孩子之外，就是消遣、聚会。然而，结婚才三年，她已鲜少见到丈夫的身影。

孩子跟在母亲身边，想来，也是很少见到父亲吧。

这个女人在这段空巢式的婚姻里获得了衣食无忧。可这段婚姻里没有夫妻间的恩爱，这个家庭中难见父子间的亲密无间。这种缺憾，无论多少金钱都无法修补。

那个女人是很美丽的，她本有机会得到甜蜜的爱情和温馨的家。她完全有机会结束眼下的空壳婚姻，重新开始。

可她选择了维持现状，明星、富商的太太、悠闲自在的生活，这一切的光鲜困住了她。

有个故事说，在战乱之后，一个农夫和一个商人在街上走着，他们发现了一大堆烧焦的羊毛。两个人一人一半，捆起来背在自己的背上。

他们接着走。走着走着，前面出现了一些布匹。农夫把羊毛扔掉，挑了一些比较好的布匹，只拿了自己能搬得动的量，其他的都扔在了一边。而商人把剩下的布匹，还有农夫扔掉的羊毛，通通背在了自己的背上。沉重的负担使他步履艰难，气喘吁吁。

走了没多久，他们又发现了一些银制的餐具。农民扔掉布匹，捡了些餐具背起来走了。商人想把剩下的银餐具捡起来，可沉重的羊毛和布匹把他压得没办法弯腰，只好接着往前走。

天下起雨来，商人淋着雨在泥泞的路上走着，又冷又饿又累，他的羊毛和布匹被雨打湿，变得更加沉重，他不堪重负，最后摔倒在泥水里。而农民轻轻松松走回了家，变卖了银餐具，过上了富足的日子。

这位商人让我想起了柳宗元的《蝜蝂传》，里面描写的那种名叫"蝜蝂"的小虫也是这样，什么都想占为己有，遇到什么都背到背上，永远都不知足，最后不堪重负，结果受苦的还是自己。甚至会因为不肯放弃微小的利益，而错过更有价值的东西，付出更加高昂的代价。

有一个小孩子把手卡在一个古董花樽里，怎么拿也拿不出来。母亲无奈，只好把花樽打破，却发现孩子的拳头紧紧攥着不肯松开，拳头里面攥着一枚硬币。原来，孩子的手拔不出来，不是因为花樽的口太窄，而是因为他不肯放开那枚硬币，一直攥着拳头。

把手放开，一切烦恼就可以迎刃而解，其实一切都很简单。

有一位卖玉的老大爷，卖的玉大部分是出土老玉，几乎都是斑驳陆离，也几乎都有撞裂后残缺痕迹的沁纹。他通过一个退伍老兵的渠道购入这些老玉，喜欢的，自己留着欣赏把玩一段时间后再出售。他身上经常挂着好多块经他盘养过的老玉，只要有人喜欢，他都毫不吝惜地出售，也不坚持他自己所定的最低价格，因此，他玉摊的人整日络绎不绝，很多都成了他的好朋友，有事没事就去他的摊边闲聊。

有人问他，为什么可以把心爱的东西让给别人，自己不心疼吗？他豁达地笑笑说："人世间的东西，并没有固定的主人，也没有永远的主人。既然如此，那么谁都可以拥有它。而且，有人要买是那人有福气，我能卖，也是我的福气。"

有一次，他买来三颗天珠，经他盘养后，都已泛红。尤其是较大的那颗，红润内敛，十分讨人喜爱。他自己也珍爱万分，日日夜夜佩戴它，打坐时不离身，工作时也不离身。有一天，他灵感突发，把三颗天珠配上玛瑙玉石，穿成项链挂在胸前，朋友见了，都说好看。隔日来了一个识货的顾客，喜欢天珠，并坚持只单独买下天珠。他应允了，一刀剪下大天珠时朋友都为他惋惜，说他不该坏了那串项链，不该破坏了整体的美。他笑笑，不以为然地说："残缺，不一定不美；完整，也不一定就美。那人那么喜欢这颗天珠，是因为他跟它有缘，我成全了他，不也很好吗？"

曾听到过一个小故事。有一个人特别喜欢玻璃杯，他想尽各种办法，收集来各种各样的玻璃杯，收藏在一个大架子上。为了搜集心仪的玻璃杯，他愿意付出任何代价，因此他得到了各式各样的杯子。可是有一天，放玻璃杯的架子倒了，所有的玻璃杯都摔成了碎片。从此之后，他再也没有收集过玻璃杯。

有些东西抱得太紧，就成了易碎品；有些东西抱得太久，反而成为一种负担，甚至成为一种伤害。倒不如潇洒地放弃。其实人生本就是个不断放弃的过程。放弃了恋爱的甜言蜜语，换取家庭的幸福安康；放弃了动听的掌声，换取心灵的宁静。世上万事万物都处于矛盾运动之中，有成功就有失败，有收获就有放弃。女人要在该放弃的时候毅然放弃，知足自然长乐。

老子在《道德经》里说："祸莫大于不知足。"人一旦起了贪欲，就永远不会满足，无论怎样都会觉得有所欠缺。不断膨胀的欲望，足够给人带来灾难。

人的一生精力有限，真正懂得人生的人知道放弃，他们明白自己需要什么，选定了目标，就不会被形形色色的诱惑所动摇。只选取自己最需要的，才能轻松上阵。内心越充实的人，越懂得生活。简单，才是极致。

李嘉诚戴的手表、眼镜框，都已经用了十几年。扎克伯格永远穿着最普通的 T 恤牛仔裤，衣柜里全是颜色简单、样式雷同的"同款"。马云曾被拍到在不同的活动中穿着款式相同，只是颜色不一样的毛衣。

现代的女人面对的是一个纷繁复杂的世界，在她的一生中，总会面临着形形色色的诱惑。无论生活怎样复杂，我们都要记得，最美好的人生是回归简单。选择自己最需要的，把其他纷乱的一切抛在脑后，专心享受自己最向往的人生。甩下多余的包袱，才能轻松起程，美丽的风景还在前方，只有步履轻盈的人才能到达。

第 八 章

接纳自己，方能万事从容

认清自己，方得始终

知人者智，自知者明。胜人者有力，自胜者强。

——老子

小茵的家庭条件很好。她学习成绩不太好，高考的时候分数不够，家里花钱把她送进了一所三本学校。毕业以后先说要考研，在家准备一年，结果考得一塌糊涂。接着又想考公务员，还是没考上。之后又听说当会计很吃香，要学会计，考证书，结果还是没有考上。

毕业三四年了，她没出去工作，也没成功通过一次考试，唯一的收获只有一堆七八成新的各式教材、参考书。

身边的人都替她着急，二十好几的人了，没上过班不说，就连恋爱也没谈过一次。可她却说："我看得上的男人，肯定是不一般的。要有才华，长得也不能太差。要不然，还不如不谈。"

可这话说了没多久，她就宣布自己要结婚了。男方长得很帅，更重要的是对小茵百依百顺。小茵认定自己找到了真爱，认识才一个多月，就跟对方领了结婚证。

可是结婚才一年，小茵就离婚了。原来，这个男人懒惰成性，干着一份清闲的工作，每个月挣的钱还不够自己花。他家里的条件也很一般，父母和他自己都不会过日子，花钱大手大脚，看起来吃得好住得好，其实一点儿积蓄都没有。更重要的是，他并不是真的喜欢小茵，跟小茵结婚，是看上了她的家庭条件，还有那套小茵父母买的，挂在小茵名下的市区的房产。

一个女人而言，最悲哀的事情，莫过于认不清自己的实力。人不能妄自菲薄，也不能太自大，认清自己的位置，才是最重要的。想得到更多，需要的是努力，努力提高自己，努力争取，而不是异想天开，妄自尊大。

一个年轻人常常抱怨公司领导不重视自己，对自己不公，有好创意却得不到领导的赏识。一次次的会议，自己作为普通职员没有参加的机会，而那些衣着光鲜的高级经理只是动动嘴皮子便决定了他的生死。

有一天，他找到了一位智者，向他讲出了自己的烦恼，智者听后什么也没说，却把他领到了海边。智者捡起一块石头，抛了出去。

智者问："你能把我刚才扔出去的石块捡回来吗？"

"我不能。"年轻人回答。

"那如果我扔的是一粒珍珠呢？"智者再问，并别有深意地看向年轻人。

年轻人恍然大悟。

你没有受到理想中的待遇，有时或许是因为自己只是一块平淡无奇的石块，没有被注意的价值。要想获得成功，要有自己的立场和声音，要自己先站起来为自己去争取。努力才能提升你的价值，成为珍珠才能引人注意。

普瑞尔生于巴黎附近一个小镇，父亲开了一家皮革店，普瑞尔也常常到店里去玩耍。

就在普瑞尔三岁时的一天，命运给了他第一个不公平的待遇。父亲因为有事离开了店铺，普瑞尔便一个人在店里玩，不幸用小刀划伤了左眼，导致左眼失明了。

就在左眼失明后不久，普瑞尔的右眼受到发炎影响也看不见了。从此，才三岁的普瑞尔就失去了用眼睛看世界的能力。然而，普瑞尔并没有因此变得沉默、郁闷，他仍然像未失明时那样活跃快乐。他五六岁时也和其他小孩一起去学校上课。

十岁时，在巴黎启明青年学院，普瑞尔开始读大凸字的书。不过，由于字母非常大且凸出纸面，一本小书往往有几寸厚。书虽然十分厚重，内容却不多。也就是从这时候起，普瑞尔有了一个梦想："一定有方法可以让盲人像正常人一样学习，一定有方法让盲人能更方便地阅读。我一定要找出这个方法来，一定要！"

十五岁时，他受到陆军上尉巴比业发明的军令暗码的启发，并经过无数次的研究和组合，终于将字母以不同的点和位置组合表示出来，盲人只需用手指触摸这些不同点、位的组合，就可以读出字母甚至文章（以下我们将之称为凸点系统）。

然而，当普瑞尔在学院公布这个新方法时，反而受到别人的冷嘲热讽。不过，普瑞尔却没有气馁，他对这个方法充满信心，并且不断改良打凸点的方法，终于在二十岁时，他的普瑞尔凸点系统正式完成了。

不过，一开始，普瑞尔凸点系统并没有得到应有的待遇，有的人毫不重视，有的人极度埋怨。不过，直到普瑞尔去世之前，他都未曾放弃过。不管到哪里，他都努力宣传他的凸点系统，并教导学生使用。

因积劳成疾，普瑞尔在他43岁生日后两天去世，临终时，他说："人心是非常难了解的，但我相信我在地球上的使命已经完成了。"说完不久，便含笑而终。时至今日，这个系统在世界上已经普遍为盲人所使用。

普瑞尔的人生旅途充满了不顺利，他在很小的时候就失去了视力，而他辛苦研究的成果也在很长时间里没有得到应有的重视，但他并没有自怨自艾、自暴自弃，反而创造了一个造福所有盲人的奇迹。

其实，自身的条件、人生的境遇，很多都是我们自己无法选择的，也是无从逃避的。但快乐或不快乐，与这些并没有什么关系。我们所能做的，就是竭尽所能，不再自我伤感。每个人的存在都有他独特的价值，发现自己的才能，做好自己所能做的，人生就没有遗憾。

我曾经有一段时间很痴迷励志电影，看着电影的主角从底层逆袭，一点点获得成功时，自己的心中也久久不能平静，真想像电影中的主角那样，一飞冲天，一鸣惊人。

可是，当头脑逐渐冷静下来，回到现实的时候，我才意识到，自己并没有电影主角那么机敏的头脑，或者突出的专长，也没有电影情节中那从天而降的机遇。我只是那个平凡的我，并不能凭着一时热血沸腾就成为卓越的人物。

有一位登山运动员加入了攀登珠穆朗玛峰的活动，到了7800米的高度时，他体力支持不住了，便停了下来。当他讲起这段经历时，别人都替他惋惜："为什么不再坚持一下呢？再往上攀一点点，就能爬到顶峰了。"

"不，我最清楚，7800米的海拔是我登山生涯的极限，我不会为此感到遗憾。"他说。

这名运动员是明智的，他充分了解自己的能力，没有勉强自己。不是所有的人都有能力达到顶峰，只要曾经竭尽全力，达到过自己所能达到的最高处，就已经没有遗憾了。

这就好比在寺庙里，铺在地上的是石头，打磨成佛像的也是石头，同样是石头，一个被人践踏，一个被人膜拜，看起来好像真的很不公平。可是静下心来想想，为什么人家要选这块石头而不是那块石头做佛像呢，肯定是因为这块更有资质，或许是它的质地纹理，或许它的形状块头更适合雕琢。而成为佛像，也是要忍受着一锤一锤的敲击，一刀一刀的切割，就如同凤凰浴火，涅槃重生。

如果你自信也有这种资质，那么或许有一天你也会被石匠发现，即使成不了佛，成为一个石磨，成为一个石杵，又有何不可呢？

每个女人都有她独一无二的价值，了解自己，发现自己的价值，即使做不到卓越，也可以活出一段精彩的人生！

爱自己，才是终身浪漫的开始

自我热爱远非缺点，这种定义是恰当的。一个懂得恰如其分地热爱自己的人，一定能恰如其分地做好其他一切事情。

——王尔德

在这个世界上，任何事物都存在着缺陷，也都存在着闪光的一面，只是程度不同而已。但我们中的大部分人却只看得到不好的一面。对自己，我们寻找到的是自己不如人的地方，比如个头不高、长相不佳、身材不修长等，一旦找出来了，就会为此难过、抱怨、自卑、掩饰；对他人，我们又常把注意力集中在人家的过错上，例如，我们发现他人说谎，我们将会严厉地谴责对方的不诚实，狠批其错误根源。

其实，"这个世界并不缺少美，而是缺少发现美的眼睛"，如果你用欣赏的眼光、赞美的眼光去看待自己及周围的一切，那么一切都会变得美好。

首先，我们要学会爱自己。

所谓爱自己，即真正了解、正确评价、乐于接受并喜欢自己。承认人是有个体差异的，允许自己在某些方面不如别人。美国心理学家马斯洛对健康的快乐人是这样定义的："他们较少焦虑与仇视，较少需要别人的赞美与感情，他们具有真正的心理自由，他们超然于物外，泰然自若地保持平衡，他们对个人不幸也不像一般人那样反应强烈，他们具有集中注意的能力和不在乎外在环境的能力，表现出熟睡的本能和不受干扰的食欲，面对难题而谈笑风生。"简单地说就是：不以物喜，不以己悲，不怨天尤人，从容、坦然地面对一切。

爱自己，就要坚持自己的特点，不为了别人的标准，或者所谓美的标准，而改变自己去迎合对方。

著名影星索菲亚·罗兰，多数人都知道她曾荣获过奥斯卡最佳女演员奖，而她在 16 岁第一次拍电影时，遇到的麻烦却鲜有人知。索菲亚·罗兰第一次试镜头的时候，所有的摄影师都说她够不上美人的标准，都抱怨她的鼻子和臀部。没办法，导演卡洛只好把她叫到办公室，建议她把臀部减去一点儿，把鼻子缩短一点儿，假如她不整形，将是一个没有前程的演员。一般情况下，演员都对导演言听计从。可是，索菲亚·罗兰却没有听导演的，她相信自己，对自己有信心，认为这就是她自己的特色。她回答道："我当然知道我的外形比起那些相貌出众、五官端正的女演员不算出色，甚至可以说有些弊病，但我觉得这些弊病组合在一起反而会让我更具魅力。我喜欢我的鼻子和脸本来的样子，虽说它们的确有些与众不同，但是，我为什么要追求与别人一样呢？至于我的臀部，的确有些大，但那也是我的一部分。我要保持我的本质，我不想因为别人的见地而转变自己。"

凭借这种无比强烈的自信和悦己精神，索菲亚·罗兰打动了导演，进而打动了全世界的影迷，经过努力终于成了与玛丽莲·梦露齐名的性感明星。

爱自己，就要学会进行自我心理的调试，以保持心理健康，从而真正了解、正确评价、乐于接受并喜欢自己。爱自己，就是当自己工作暂不顺心、效果不佳时，也能坦然地接受。不欺骗自己，更不鄙视自己。爱自己，就是在遇到挫折时，经历失败后安慰自己、鼓励自己，跌倒了重新站起来，永远不会自暴自弃。爱自己，就是尽量改善、改变不利于自己心理健康的客观环境，保持乐观心态。树立自信，建立心理优势，然后努力做好自己该做的事情，欣然地接受他人、友善地对待他人。面对人际关系、学习的压力、工作的不顺、家庭的琐事引起的紧张和疲劳，自己要学会微笑对待，相信一切都会重新好起来而保持乐观心态。

其次，我们还要学会爱别人。

用欣赏的眼光看待他人，发现每个人身上的优点，由衷地尊重与赞美。

当年乔丹在公牛队时，皮蓬是公牛队最有希望超越乔丹的新秀，他时常流露出一种对乔丹不屑一顾的神情，还经常说乔丹某些方面不如自己，自己一定会超越乔丹一类的话。但乔丹却没有把皮蓬当作潜在的威胁而排挤，反而对皮蓬处处加以鼓励。

有一次比赛结束后，乔丹问皮蓬："我们的3分球谁投得好？"皮蓬有点心不在焉地回答："你明知故问什么，当然是你。"因为那时乔丹的三分球成功率是28.6%，而皮蓬是26.4%。但乔丹微笑着纠正："不，是你！你投3分球的动作规范、自然，很有天赋，以后一定会投得更好，而我投3分球还有很多弱点。"并且还对皮蓬说："我扣篮多用右手，习惯地要用左手帮一下，而你，左右都行。"这一细节连皮蓬自己都不知道，他深深地被乔丹的无私所感动。从此以后，皮蓬和乔丹成了最好的朋友。

而皮蓬在一次NBA决赛中，独得33分，超过乔丹3分，也真的成了公牛队17场比赛得分首次超过乔丹的球员，赛后，两人紧紧拥抱着，都泪光闪闪。

公牛队之所以创造了一个又一个的神话，和乔丹这种无私的品质是分不开的。乔丹能够公正客观地看待自己，同时也能公正客观地看待其他人。当你学会用欣赏的眼光看待自己和他人时，你得到的也必将会是世界的真、善、美。如果人人都用欣赏的眼光去看待彼此，那么社会就少了勾心斗角、尔虞我诈，少了欺骗，少了险恶，少了对世态炎凉的叹息，而多了真挚情谊、团结和睦，多了平安，多了快乐，多了对和谐融洽的赞美。

以海纳百川的襟怀去爱自己、欣赏他人，就可以把自卑练成自信，把不满锻造成奋争，把孤傲挥洒成谦逊，把委屈升华成振奋，把失意挤压成动力，把挫折捶打成练达……**尽管脚下没有红地毯，头上没有彩霞满天，但一生的欣赏也许会成为你独特的永恒的风景。**

女人知足福自来

所谓幸福的人，是只记得自己一生中满足之处的人；而所谓不幸的人只记得与此相反的内容。

——荻原朔太郎

晶晶是裸婚，她和丈夫只是领了个证，请亲朋好友吃了个饭，就算结了婚。结婚之后，两个人去外地打工，租房子住。对于两个一无所有的年轻人来说，房租是一笔不小的负担，所以孩子刚过满月，晶晶就出去上班了。孩子则被送回老家，交给婆婆带，晶晶只有节假日回老家的时候才能见到孩子。

可是晶晶过得心满意足，每天都是笑盈盈的。

她说她很幸福，丈夫对自己好，别的就无所谓了，别的什么都不重要。

丈夫确实很疼爱她，他们的日子也越过越好。攒了些钱，在老家盖了新房，离开了大城市，回到家乡过起了他们的小日子。

当他们决定回家乡的时候，很多人都不理解："大城市多好，条件好，又能挣到钱，回老家做什么呢？"

晶晶心里却不这么想，在她眼里，过日子不用跟人比穷富，一家人在一起，和和乐乐的就好了。

小两口儿回家开了个小饭店，离开了大城市的喧嚣，日子反而红火起来。孩子虽然一直没在自己身边，但年纪还小，还来得及培养感情。

现在晶晶真的很幸福，日子平淡而充实，她说她很满足。

《安徒生童话》里有这样一个故事：

一位王子和一位公主正在度蜜月，他们觉得非常幸福。可有一件事让他们觉得非常苦恼，那就是：怎样才能永远这么幸福下去。他们找到一位住在深山老林里的智者，智者给了他们一个神方，那就是：游历各国，找到一对完全幸福的夫妇，向他们要一块贴身穿的衣服的布片，然后把这布片经常带在身边。

王子和公主开始了他们的寻找。他们先找到一位骑士，骑士夫妇很恩爱，只可惜没有孩子，所以还算不上完全幸福。他们又找到一位市民，市民和他的妻子的确过着美满而幸福的婚后生活，可惜他们的孩子太多，给他们带来了很多苦恼和麻烦。

王子和公主只好到更远的地方去旅行，不断寻找完全幸福的夫妻，可一直都没有找到。

直到他们遇到一个牧羊人，牧羊人认为自己和妻子是最幸福、最满足的夫妇，可是，他们穷到连一件破衣都没有，给不了王子和公主想要的布片。

最后，他们还是没有找到神方，只好回到家里，但是他们已经懂得"'满足'是这个世界上一件难得的宝贝"。

他们没有找到所谓的布片，但已经找到真正的神方，"不满足"的魔咒已经对他们无能为力。

其实，幸福是件很简单的事情，珍惜自己所拥有的，就足够了。很多时候，我们的苦恼并不是因为客观的条件，而是因为自己的不知足。

还记得渔夫和金鱼的故事吗？

渔夫的妻子本来只想要一只新木盆，得到了木盆又想要木房子，得到了木房子又想当贵妇人，然后又想当女皇。金鱼一一满足了她的愿望，可她依旧不满足，相当海上的"女霸王"，让金鱼伺候她。金鱼受够了她的贪婪，游回了大海。而那渔妇依旧待在她的破泥棚里，守着她的破木盆。金鱼一次次满足她的贪欲，她却总想得到更多，最终落个一无所有，连一个新木盆也没有得到。

欲望是无止境的，而生命的长度却有限，没有谁有能力得到一切。一味的贪婪，除了平添烦恼之外，就再没有什么意义了。

现在的婚姻捆绑了太多的外在条件，以致好多人过于追求那些外在，而忽略了婚姻的实质。人总是这样，一无所有的时候总想着拥有；拥有了，又想得到更多。一味地追逐寻找，到头来才发现，原来自己需要的其实是那么简单。

所以，我们要学会知足。当然，这并不意味着阿Q式的自我催眠。知足的人懂得摆正自己的位置，不会盲目自卑，也不会盲目自大。而他们的满足感，在于他们拥有一颗平常心，得不到的就不苛求。

知足也不是停滞不前。想要的就去争取，有梦想就去实现。热爱生活，就让生活变得更加美好。知足的人懂得把握一个"度"，尽力而为，但不会贪得无厌。

在我看来，《舌尖上的中国》里最让人感到震撼的画面，非查干湖的冬捕莫属。渔民们凌晨 4 点就要出发，马车在冰面上行驶几个小时之后，才能到达指定的下网地点。长达两千米的渔网被放入冰面以下，沉入水底，通过牲口的拉动，靠近预设的目标。可能网住低温的水中聚集不动的鱼群，也可能一无所获。网在冰下游走了 8 小时，终于到了收网的时候，满网的鱼被拉出冰面，肥美的大鱼让所有人都喜笑颜开。

然而，最让我印象深刻的却是一个小小的细节。渔网的网眼有 6 寸大，只能捕到 5 年以上的大鱼，小鱼则被人为地放生了。

渔民们懂得与大自然相处的法则，他们只取得他们所需要的，而不是把查干湖的恩赐一网打尽。"猎杀不绝"，索取的同时，不忘维护自然的平衡，才能让这份收获年年岁岁永不枯竭。

看，知足和幸福并不是相互矛盾的。相反，它是幸福得以长久的必要条件。知足的人，更加能感受到幸福的所在。这是因为，在他们眼里，所有的收获都是一种幸运，他们不会为得不到的东西去烦恼，懂得珍惜自己已经拥有的，享受现在能享受到的快乐。

这才是真正的幸福，不是吗？

宽容别人，放过自己

善和大美像静水流深，终究涤荡人心。做一个良善、柔和，有悲悯和宽容的人，处理一些事情就会有余地。

——安妮宝贝

一名少年由于父母离异，没有人管教他，经常和社会上的一些小混混在一起，养成了偷窃的恶习。

这一天放了学，看见学校门口新来了一个书摊，前面挤满了人。

少年很好奇，也挤了进去，一看，哇，全是花花绿绿的小人书。好多没有看过的。少年最爱看小人书了，看见小人书被同学们一本本买走，赶紧也掏钱购买。可手一伸进裤兜，才发觉身上没有钱了。他想起昨天的两块钱都用来打游戏了。

少年懊悔不已，小人书越来越少，少年心急如焚，不知如何是好。他想回去拿钱再过来买，但转念一想，家里离学校有一段路程，等他回来的时候小人书也许早就卖光了。

这可怎么办呢？这时候，一个罪恶的念头马上闪进了脑海：对，偷！于是少年装作要买书的样子，拿起一本《哪吒闹海》翻了翻，趁摊主大爷找钱的时候偷偷塞进了书包里。他刚要转身，突然一个洪亮的声音响起："大爷，他偷你的书！"一个高年级的同学指着少年说。少年吓出了一身冷汗，怔在那里，脸上一阵红，一阵白。

意想不到的事情发生了，少年听见摊主大爷说："哦，同学，你误会了。他是我孙子。"

那一刻，少年被感动得天翻地覆。

那位高年级同学向摊主道了歉离开了。少年又听见大爷对他说："你先回去叫奶奶做饭。我卖完这些书就回去。"

少年知道，大爷是在暗示他离开。可是他并没有离开，而是躲在一个角落里，直到摊主大爷收摊回家。他很想跑过去，向大爷说声对不起，可是他没有上前的勇气。他知道，摊主大爷宽容了他的罪恶。

从那以后，少年再也没有偷过东西。

多年以后，当摊主大爷快要忘记这件事情的时候，他突然收到了一个厚厚的包裹，里面全是书，每本书上面都写着同样一句话："赠给改变我一生的人。"还有一封信，信上说："大爷你好！我就是当年偷你小人书的那个少年，你以无限的胸怀宽容了我，你是改变我一生的人。如果你不介意，我真想叫你一声爷爷。现在我已经是一家出版集团的董事长了，为了报答你对我的宽容，我们出版集团每出一本新书我都会寄给你，请接受这些为我的良心赎罪的书籍。"

老人的一句话改变了少年的一生，可见，宽容的力量是多么的巨大。很多时候我们无法意识到这一点。认为对别人宽容，就是对自己残忍。其实我们错了，我们犯了错，都要祈求别人的宽容。宽容别人，也就是宽容自己。没有什么事情不可以原谅，我们都会错，知道错了就已经是对犯错误的人最大的惩罚，那么我们还有什么不可以原谅的呢？如果我们心胸狭隘，斤斤计较，不快乐的总是我们自己。

一位在大学念书的女孩儿给父母打了一个电话："爸爸，妈妈，我要毕业了，马上就回家，但我想请你们帮一个忙，我要带我的一位朋友回来。"

"当然可以。女儿的朋友我们一定会好好招待。"父母回答道。

"但有些事情必须告诉你们，"女孩儿继续说，"我骑摩托车摔伤了她，她失去了两条腿。这都是我的罪过。她现在无处可去，我要把她带回来和我们一起生活。请你们原谅我。"

"听到这件事我很难过，孩子，我们会帮她另外找一个地方安顿好的。"

"不，我希望她和我们住在一起。"女孩儿语气生硬地说。

"孩子，"母亲说，"你不知道照顾这样一个残疾人将会有多么麻烦，我们会给她钱，还会把她送到福利院，况且你也不是故意的。我们为她做了这么多，也算是仁至义尽了，但绝不可能让她和我们住在一起。"

就在这个时候，女孩儿挂上了电话。父母再也没有得到女儿的消息。

几天后，女孩儿所在的学校打来了一个电话，他们告诉女孩儿的父母，女孩儿从楼梯上坠地而死，校方认为是自杀。

悲痛欲绝的父母火速赶往学校。他们惊愕地发现，他们的女儿失去了双腿。

这个故事震撼人心，女儿因为父母无法接受和残疾人在一起而走上了轻生这条残酷的道路。也许你们会以为，如果女孩儿告诉了父母真相，父母绝对会接受女儿的。但女儿需要的是绝对的宽容，不希望得到怜悯和同情。如果父母有一颗包容之心，女儿就会高兴地回到父母身边。女孩儿的做法虽然极端了一点，但却说明了一点，宽容，真的很重要。我们是否和故事中的父母一样呢，接受那些给我们带来不便或不快的人和事总觉得很艰难？

我们是否总是和那些不如我们聪明、美丽或健康的人保持距离呢？如果是那样，请向上帝祷告，请他赐予你力量去接纳他人，不论他们是怎样的人，请他帮助我们去了解那些不同于我们的人。

在竞争激烈的现代社会，磕磕碰碰的事情在所难免。我们在社会交往中，吃亏、被误解、受委屈一类的事也是经常发生的。我们当然希望不要遇到这些事情，但一旦发生了，最明智的选择就是宽容。宽容不仅仅包含着理解和原谅，更显示出气度和胸襟、坚强和力量。宽容的是别人，给自己的却是快乐从容。

宽容并不是逆来顺受，屈服于命运。生活的艰辛在人们的心中埋下了太多的隐痛，忍耐却可使人相信，风雨过后必见彩虹。**宽容，不是消极颓废，我们在沉默中积蓄力量，等待迸发的那一刻。**

天空收容每一片云彩，不论云彩美丽或丑陋，所以天空才能广阔无比；高山收容每一块岩石，无论岩石巨大或渺小，所以高山才能雄伟壮观；大海收容每一朵浪花，不论浪花清冽或混浊，所以大海才能浩瀚无比。

法国十九世纪的文学大师雨果曾说过这样一句话："世界上最宽阔的是海洋，比海洋宽阔的是天空，比天空更宽阔的是人的胸怀。"宽容是一种博大的情怀，它能包容人世间的喜怒哀乐。

宽容是一种心态，也是做人的一种境界。

宽容是一种在理解基础上的体谅与包容。一切是非功过在历史的长河里均会流失得无影无踪，何谈计较。别人的过错通常我们定义是对自己的冒犯，如果抛开自我，换位思考可能就是另一种答案，世间没有绝对的对与错，如果改变时空与视角，很多事往往便能轻松释怀。生活是一面镜子，与其在计较中郁郁寡欢地暗淡度日，伤害自己，不如摆脱心役，调整心态，像笑弥勒一样微笑面对，在宽容别人的同时，升华自己。

接纳不完美的自己

如果可以接受自己也不那么完美，就不用忙着去粉饰了；如果可以承认自己并不那么伟大，就不用急着去证明……如果可以慢半拍，静半刻，低半头，就可以一直微笑了。

——扎西拉姆·多多

《芈月传》里，给我最大触动的，是这样一段故事：

楚怀王宠爱魏美人，引起了南后郑袖的不满。郑袖设计，先假意与魏美人交好，骗取她的信任，再找时机跟魏美人说，她有一处缺陷，就是鼻子有点歪。魏美人相信了郑袖的话，从此之后，每次见楚怀王，都要用扇子或花掩住鼻子。然后郑袖又向楚怀王告发，说魏美人不喜欢他身上的狐臭味。楚怀王大怒，命人割掉魏美人的鼻子。郑袖又重新获得楚怀王的宠爱。

这并不是文学艺术的杜撰，基本的故事情节确实在史书中有记载，只是可能加了些细节方面的演绎。魏美人能超越南后郑袖，博得楚怀王的宠爱，肯定是有她的过人之处的。即使她的鼻子真的不完美，也一样没有妨碍她集万千宠爱于一身，可她偏偏因为别人的几句挑唆，全副精力都用来掩饰"不好看的鼻子"，自乱阵脚，做了傻事，最后落得个悲惨下场。

由此想到毕淑敏的一篇文章里提到的那个女孩儿，"从上到下无可挑剔地完美，发如黑瀑，眼如秋水，肤如冰雪，气质高雅"，却固执地认为自己的左边第六颗上牙齿不好看，因此而自卑，从小就不敢大笑，平添了很多苦恼，甚至影响了求职，错过了爱情。

都是数一数二的漂亮女人，一个误信谎言，一个吹毛求疵，都因为不起眼的小缺陷，而忽略的自己的美。细想起来，其实打败她们的并不是那些所谓的缺点，而是她们自信的崩塌。这着实令人可悲可叹！

追求完美几乎是现代女性的通病。最普遍的是追求完美的容貌，各种各样的关于化妆、护肤、穿衣打扮、减肥塑形的信息充斥着大街小巷，吸引着各个年龄段、各个阶层的女人。更有甚者，不惜改变与生俱来的容貌，也要把自己变美：胸部不够大去隆胸；腰部不够细去抽脂；竟然连父母遗传下来的单眼皮很多女人也不肯轻易放过，非要割上一刀。对于恋爱、婚姻、家庭的苛求就更不用说了。然而不幸的是，有些人以为自己是在追求完美，其实她们才是最可怜的人，因为她们是在不完美中追求完美，而这种完美，根本不存在。

有一回去参加一位女性激励大师的演讲，她说到有个洁癖的女孩儿："因为怕有细菌，竟自备酒精消毒桌面，用棉花仔细地擦拭，唯恐有遗漏。这位有洁癖的女孩儿，难道不知道人体表面充斥细菌，比如她自己的手，可能比桌面脏吗？我建议她：干脆把桌子烧了最干净。"

百分之百的洁净根本不可能存在，不断地苛求，除了让自己陷入紧张焦虑的状态，再没有任何意义。

一个孩子犯了一个错，母亲不断地指责，因为她要培养孩子完美的品格，孩子拿出一张白纸，并且在白纸上画了一个黑点，问："妈，你在这张纸上看到什么？"

"我看到这张纸脏了，它有一个黑点。"母亲说。

"可是它大部分还是白的啊！妈妈，你真是一个不完美的人，因为你只会注意不完美的部分。"孩子天真地说。

看待白纸的时候如此，在我们看待自己的时候，也经常会这样：把视线集中在一些瑕疵上，而对整体的状态、对一些优点视而不见。

其实，人都是不完美的。单从外表上看，人体的形态并不是完美的左右对称。我们的两只手一大一小，两条腿一长一短，甚至连鼻子的左右两边都不是完全相同。将我们的脸从中间分开，再分别把左半边和右半边复原成一个完整的人像，就会发现得到的两个人像是截然不同的。

人的头脑中也并不全都是正面的、积极的思想。每个人的心中都有一些阴暗面，诗人罗伯特·布莱（Robert Bly）将其形容为"每个人背上负着的隐形包裹"。我们一生中经历的事情会让这个包裹的重量不断增加。当包裹太沉重时，我们可以停下脚步把它清空，但只要人生还在向前，包裹中必然会不断出现新的内容。这个包裹并不是我们停滞不前的理由，每个人背后都有这样一个包裹，并不只有你自己一个人在背负着它。

人生的旅途并不只有美好的一面。要求完美是件好事，但如果过头了，反而比不要求完美更糟。就像我们居住的屋子，永远不可能如样板间那样整齐干净，如果一味地强求，反而会使居住成为噩梦一般。世界上有太多的完美主义者了，他们似乎不把事情做到完美就不会善罢甘休似的。而这种人到了最后，大多会变成灰心失望的人。因为人所做的事，本来就不可能有完美的。所以说，完美主义者根本一开始就在做一个不可能实现的美梦。

他们因为自己的梦想老是不能实现而产生挫折感，就这样形成一个恶性循环，最后让这个完美主义者意志消沉，变成一个消极的人。所以，培养"即使不完美，不上不下也没关系"的想法是相当重要的。

有一位画家，发誓要完成一幅旷世之作。于是，他把自己关在画室里，与世隔绝。几年之后，他的画作也没有问世。后来，这位画家不幸去世了。人们清理他的画室时，发现了一个被巨大的灰布遮住的画架，人们猜测那可能就是画家的完美之作了。揭开后，人们发现那只不过是一张涂满了各种颜料却没有任何图案的"画"。原来，画家一直以为画应该不断修改才能趋于完美，于是他不断否定自己，在画布上涂涂改改，直至耗尽一生精力。

因为太过于追求完美，反而会使事情的进行发生困难。

有些人很勉强自己，不愿做弱者，只愿逞强，努力做许多别人期待自己却不愿做的事，这种人，才是真正的弱者。别人一对你抱期望，就怕辜负了人，硬是勉强也要实现承诺，到头来才发现，原来自己太软弱。

女人要明白，人生有许多的不完美，但我们可以选择走出不完美的心境，而不是在"不完美"里哀叹。这样，你才会成为一个真正意义上的快乐女人。

已经发生的，就让它过去吧

不要老叹息过去，它是不再回来的；要明智地改善现在。要以不忧不惧的坚决意志投入扑朔迷离的未来。

——朗费罗

一个婚姻失败的女人，曾经讲述过她的经历。她在很年轻的时候就结婚了，是相亲结婚，由父母做主，仓促之间看着条件合适就领了证。那时候丈夫也很年轻，两个人都是硬脾气，结婚之后摩擦不断，关系一度紧张。后来，丈夫遇到了另外一个女人，对她摊牌，想要离婚。她咽不下这口气，发誓死也不肯离婚，一直僵持着。丈夫见离婚无望，干脆搬出去住，再也不踏进家门一步。

她一个人守着那个早已名存实亡的家，过着寂寞的日子。想起丈夫的所作所为，经常以泪洗面，整夜整夜地失眠。时间一天天过去，外面的那个女人终于受够了长久的等待，离开了她的丈夫。而她的脸上也已经开始爬上细细皱纹。

终于有一天，她忽然想清楚了，主动找丈夫办好了离婚手续。她说："我以为我守着的是一段婚姻，其实只不过是一栋空房子，没有任何温情，更没有任何意义。"所以她放了手，一改以往的幽怨与愤恨，开始了崭新的生活。她的工作取得了突破，生活也丰富起来，开始尝试着培养自己的小爱好，朋友都说她脸上的笑容比过去多多了。

她说："其实这并不完全是他的错。如果一开始我不那么斤斤计较，什么小事都跟他争，我们俩也不一定到这个地步。要是在他提离婚的时候我就痛痛快快地同意，也不至于浪费了这么长时间，耽误了人家的感情，也糟蹋了自己的青春。"

在纽约市一所中学任教的保罗博士，曾给他的学生上过一堂难忘的课。这个班多数学生为过去的成绩感到不安。他们总是在交完考卷后充满了忧虑，担心自己不能及格，以致影响了下一阶段的学习。

这一天，保罗在实验室里讲课，他先把一瓶牛奶放在桌上，沉默不语。学生们不明白这瓶牛奶和所学的课程有什么关系，只是静静地坐着，望着老师。

保罗忽然站了起来，一巴掌把那瓶牛奶打翻在水槽中，同时大喊了一声："不要为打翻的牛奶哭泣。"然后他叫学生们围绕到水槽前仔细看一看，"我希望你们永远记住这个道理，牛奶已经淌光了，不论你怎样后悔和抱怨，都没有办法取回一滴。你们要是事先想一想，加以预防，那瓶牛奶还可以保住，可是现在晚了，我们现在所能做到的，就是把它忘记，然后注意下一件事。"

保罗博士的表演，使学生学到了课本上从未有过的知识。许多年后，这些学生仍对这课留有极为深刻的印象。

也许有人会认为"不要为打翻的牛奶哭泣"是陈词滥调。这句话的确极为平凡，说是老生常谈也可以。但是不得不承认，那些经过无数年代传诵的谚语，聚集了许多智慧。现实生活中的人们却常常做着与其背道而驰的事情。

你可以设法改变三分钟以后所发生的事情产生的后果，但不可能改变三分钟之前发生的事情。唯一能使过去成为有价值的办法是，以平静的心态分析当时所犯的错误，从错误中得到刻骨铭心的教训，然后再把错误忘掉。做到这一点，需要勇气和开动脑筋。

著名的棒球手康尼·马克谈过他对于输球的烦恼问题："过去我常常这样做。为输球而烦恼不已。现在我已经不干这种傻事了。既然已经成为过去，何必沉浸在痛苦的深渊里呢？流入河中的水，是不能取回来的。"

不错，流入河中的水是不能取回的，打翻的牛奶也不能重新收集起来。但是你可以消除你脸上的皱纹，消除导致忧郁的因素。

所以，不必忧虑和悲伤，更不必流眼泪。在这个世界上，人们难免有失策或愚蠢的行为，那又怎么样呢？谁都会犯错误的，拿破仑参加的所有战役中有2/3是失败的，也许我们的平均失败率并不比拿破仑更低。

有一天，一个猎人到森林中去打猎，活捉了一只会说话的鸟儿。

这只鸟儿哀求猎人："你放了我吧，我会给你三个宝贵的忠告。"

猎人得意洋洋地说："你先告诉我，我就放了你。"

于是，鸟儿就告诉他了三个忠告：

第一个忠告：做事不要懊悔。

第二个忠告：别人告诉你一件事，你认为不可能就不要相信。

第三个忠告：当你爬不上去的时候，就不要费力去爬。

而猎人也实现了他的承诺，放了这只鸟。

就在猎人松手的一瞬间，鸟儿一下子飞向了树梢，并对着猎人大声喊："你真蠢，我嘴里有一颗大明珠，你竟放弃了它。"

猎人一听后悔不已，很想再次捉到这只鸟，于是他费力地爬向树梢。但是就在他刚刚爬到一半的时候，树枝却断了，他掉了下来，并摔伤了双腿。

鸟儿站在树梢，嘲笑起猎人："你这个笨蛋，我刚才告诉你的忠告你全忘了。你首先懊悔放走了我，其次轻易相信我说的话，我这么小的嘴里怎么会放得下一颗大明珠呢？最后不自量力去爬高，结果摔断了双腿。"

不懊悔，不轻信，不冒险，这的确是三个好忠告。

现实生活中，我们总是在追悔过去：许多事情做了后悔，不做也后悔；许多人遇到了后悔，错过了更后悔；许多话说了后悔，说不出来也后悔……不过，你伤感也罢，悔恨也罢，都不能改变过去，都不能使你更聪明、更完美。

古希腊诗人荷马有一句名言："过去的事已经过去，过去的事无法挽回。"如果总是背着沉重的怀旧包袱，为逝去的流年伤感不已，只会白白耗费眼前的大好时光。那也就等于放弃了当下和未来。我们为什么不好好把握当下，珍惜此时此刻的拥有呢？为什么要把大好的时光浪费在对过去的悔恨之中呢？

女人的一生很短暂没有太多的时间让你去懊悔，去遗憾，去悲伤痛苦。所以，要珍惜有限的光阴，不断向前寻找新的幸福。过去的就让它静静地过去，不要太执着、太在意。做人应该懂得珍惜眼前和将来的幸福，把时间和精力浪费在业已发生且无法改变的事情上，完全没有必要。书中有这样一句话："当你为一个人向上天求了一千年的时候，还有另一个人同样在向上天为你求了两千年。"**执着于那些已经失去的东西，可能就错过了那些一直在前方苦苦等待你的东西。人生不曾放下过去，就注定还要继续错过。**

但丁说："想一想吧，这一天永远不会再来了。"时光如流水，生命之轮正以令人难以置信的速度飞快地滑过。今天才是最值得我们珍视的时间，当下最珍贵。

第 九 章

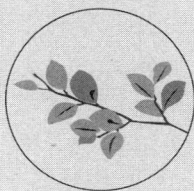

享受做女人的过程，成为一道行走的风景

美是女人精神的土壤

　　人的一切都应该是美丽的：面貌、衣裳、心灵、思想。

——契诃夫

　　每个女人都有着不一样的性格，有的温柔，有的娴静，有的似小龙女般不食人间烟火，有的则像黄蓉一样热情奔放。用花来形容女人实在是再贴切不过了，她可以国色天香，也可以小家碧玉，哪怕她并非天生丽质，因为身为女人总是美的，无论是百合还是牡丹，只要一经绽放就是阳光下最耀眼的妩媚！

　　女人的美大多会显而易见地停留在表面上，所以在人们眼中女人才会出现美丑之分。俗话说得好：天下只有懒女人而没有丑女人。的确如此，每个女人都有自己的独特的美，能不能展现出来，或者如何展现，只源于女人发掘自身美的能力。**真正美丽的女人向来把追求美作为一项事业来经营，因为妩媚的**

女子，面容不见得精致，身段不见得优美，但是却有一种难以言表的娇媚姿态从骨子里散发，源源不断，直入人心。哪怕只是无意间回头瞥见，也足以让你铭记在心。

一个女人也许天生的容貌并不完美，五官并不精致，通过妆容的修饰也可以一样变得很美。在如今，五官完美已不再是流行的焦点，所谓的"缺陷"只要稍加修饰或许就可以成为美之所在。化妆、穿衣的种种技巧不仅能修饰"缺点"，也可以用来彰显优势。女人的外表之所以美丽，不是因为她全身上下无一处不美，而是因为她知道自己美在哪里，并且懂得通过打扮让这些美丽的地方发光。

修饰外貌的技巧可以为女人增光添彩，然而沉溺于其中，也可能成为美的奴隶。

美欣是一家外企职员，虽然工作并不是特别忙碌，可看起来总给人一种疲乏的感觉。每天稍有空闲，美欣就会在自己的办公桌上铺开一堆化妆品，拿个小镜子一直画呀画。不仅如此，美欣每天早上都要提前三个小时起床，因为化妆一项就得用去她将近两个小时的时间。

其实美欣最初并不懂得化妆。初学化妆时美欣的手就如初握画笔的画师一样，技法拙劣得很。可随着练习次数的增多技艺慢慢纯熟。美欣渐渐成了一个在脸上作画的艺术家。普普通通的一张脸经过美欣的一番涂抹与描画，轮廓清晰了，肤色均匀了，也更富有立体感了。妆容的精工与恰到好处不是每个人都能随便做到的本事。美欣为此十分得意，也就更愿意花费精力如此"美"下去。

可是随着妆容越发精致，美欣也越来越觉得力不从心。不仅仅是时间和精力的不足，而且一旦卸了妆，铅华洗尽，一张脸会立刻显得憔悴不堪。如此地上了"贼船"让美欣上也不是下也不是，进退两难。

后来美欣终于下定决心告别她那精致的妆容，给自己也给自己的肌肤更多休息的时间。一段时间下来美欣不仅没有变丑，反而出落得越发美丽可人。其实美欣本来就是个漂亮女孩，只是持续精致地化妆让她失去了自信。化妆当然是有一定价值的，可一旦女人沉迷于化妆，反而会有碍于女人的美丽大计。

化妆、穿衣打扮确实可以满足女人一时的爱美之心，但化妆品掩盖下的憔悴面容、高跟鞋包裹着的受伤的双脚、寒风中衣衫单薄的瑟瑟发抖的身影，绝对不是真正的美丽。

女人的美丽包含了无比丰富的内容：体貌、装饰、修养、举止及气质为一体的吸引力；有属于女人特有的无尽的包容力；有属于女人的对纯洁生命的美好的企望。女人真正的美丽并不单单是一张漂亮的脸蛋或一副曼妙的身姿。美丽不全在浮华的外表，它是温婉可人的资质，是喧嚣中的菁英品性，是灵动却不嚣张的才情，是弥久日醇的魅力，是永不褪色的女人风采。美丽是心态、才情、神韵的综合体。外貌的端正加上内心的丰富才形成女人的美丽。它可以从发梢流动到足尖柔润女人的整个身心。女人之所以能将自身的魅力展现出来，起惊人作用的是内在美、心的美，也就是气质、修养和智慧。

在演艺圈内，很多人为了追逐名利，常把自己弄得焦头烂额。在这方面，蒋雯丽却一直保持着一种较为健康、平和的心态。

人们常说演员是吃青春饭的，因为对一个演员来说拥有青春，就意味着拥有更多的机会。对此，蒋雯丽并不以为然，与很多明星和艺人不同的是，蒋雯丽并没有刻意节食去保持身材。

她一直保持着自己的一套饮食习惯，既不少吃也不会暴饮暴食。很多人都很关心的美容养颜问题，蒋雯丽谈起来也是轻描淡写，她说自己并没有特别在意这些，只是在家里做一些简单的皮肤护理，到美容院的次数极少。

蒋雯丽认为，美由心生，心态很重要，只要心态健康，美就会在你的脸上显现出来，而相比于脸上是否多一条皱纹，良好的心态要重要得多。

不拍戏时，蒋雯丽的生活过得很放松。儿子上了幼儿园，她可自由支配很多时间，比如看看剧本，跟朋友聊天，或者是看一张自己喜欢的碟。原来和朋友聊天会觉得是浪费时间，现在和朋友喝一杯茶，坐一下午会觉得特别美好。蒋雯丽说她现在很享受这种生活的快乐。

其实，正如蒋雯丽所讲的一样，美由心生，心态很重要。做一个美丽的女人是女人心底最渴望的秘密。其实美丽并非想象得那么难，美丽的真实含义是拥有一份清闲的生活状态和对是非的那种风轻云淡的怡然心情。

曾经看过一个关于一对侏儒夫妇的专题片。女主人公不足1米的小小身子上有一个短到几乎可以忽略的脖子支撑着硕大而沧桑的脸。面对着摄像机的镜头，她从容地涂着唇膏，微笑着说："我喜欢化妆，越看越好看，越看越美丽。"这是一种什么样的心境啊！美丽正是来自对生活的热爱和发自内心的平和的心境。

这样看来，年轻并不代表美丽，财富并不代表美丽，容貌也不代表美丽。终日愁眉苦脸长吁短叹会让皱纹过早地带走青春的光泽，对生活的厌倦和疲惫会使原本美丽的脸失去热情和活力。一个对自己失去信心的人怎么可能爱自己呢？只有热爱生活、热爱生命的人才会珍惜自己、善待自己，才会充满对美的渴望，才会不停地去追寻美、创造美！

女人应该保持一颗爱美的心，接受大自然赐予我们的身体；珍爱自己，做无忧无虑香甜惬意的美梦……营养、睡眠、饮水，是女人保持精神焕发、神采奕奕的秘诀，这样的女人永远都有一份独特的魅力。

女人的幸福要自己给

窥自己的心，而后发觉一切的奇迹在你自己。

——培根

上学那会儿写作文，曾经不知多少次写过"幸福"。现在想起来，好些模板式的句子还清清楚楚地在脑子里转来转去。那时候小，写作文的时候，想的只是把句子和段落组织得漂亮些，好让老师多给些分数，至于"幸福"到底是怎么一回事，心里真的没有仔细想过。时隔多年，又一次写到幸福，忽然千头万绪涌上心头，想写下来时，却不知道该怎么写了。

幸福的故事一时想不起来，不幸的故事却能信手拈来。女人好像是各种不幸的集合体，尤其有一种女人，如果你接到她的电话，那么你中奖了，她将为你献上长达数小时的苦情自白，委屈和怨恨怎么说也说不尽。她们的一切都不如意。丈夫不好，婆婆不好，孩子不听话，房子太挤，挣钱不够花，领导没眼光，同事不咋样，吃不香，睡不着，皮肤有皱纹了，身上的肥肉怎么也消不掉……她们是世界上最不幸最可怜的个体，各种委屈烦闷充斥着她们的生活，人生对她们而言，仿佛是一场受难。

毕淑敏的散文《全家福的碎屑》里写到过这样一个女人。起初是丈夫出轨，搬出去跟第三者一起生活。为了维持一段看似完整的婚姻，她选择隐忍。在丈夫把第三者的脏衣服拿回家让她洗的时候，才在忍无可忍的羞辱下离了婚。

离婚时，她为了面子，没有告诉任何人，离婚后生活的窘迫和精神的痛苦都一个人扛着。为了维持自己和女儿的生活，她开始尝试卖玩具，最终成为一个很会赚钱的玩具商人。

生活有了起色，也有底气选择再婚。再婚时的婚礼奢华又热闹，她觉得她又找回了尊严，过上了幸福的日子。可别人不知道的是，她的继子一再闯祸，最后甚至伤了人要坐牢，她拿出了自己的积蓄才把事情摆平。丈夫觉得她有很多钱，开始吃起了软饭。她一再忍耐，直到继子强暴了她的女儿，她也觉得"家丑不可外扬"，没有报案，也没有离婚。她的第二段婚姻维持了下来，可原来亲密无间的女儿对她失望透顶，成了陌路人。

她随身携带着全家福，不断给别人看，一次又一次地重复着"我很幸福"，希望这种"幸福"能给她带来别人的尊重。直到她在毕淑敏面前崩溃了防线，才把事实一股脑儿地倾吐出来。

种种的不幸，跟她自己的选择有着密不可分的关联。如果第一段婚姻里，面对丈夫的出轨她能够理智对待，当机立断，起码能少受些煎熬。第二段婚姻更是，要是她把保护自己和女儿放在首位，及时止损，也许悲剧就不会发生；如果她肯拿起法律的武器为女儿讨回公道，也许就不会有母女如路人的痛心局面。

这个女人把人格与尊严寄托在婚姻上，可她收获的是幸福还是痛苦，明眼人一观便知。建立在自欺欺人上的尊严不是真正的尊严，而是痛苦的镣铐。到了文章的结尾，主人公也醒了过来，她把全家福照片撕得粉碎，勇敢地说："我不幸福，但我有勇气面对它。"

曾在一本书上读到过一个小故事：

一个小伙子急匆匆地走在路上，对过往的景色和路边的行人都视而不见。一个人拦住了他，问："小伙子，你为什么行色匆匆呢？"

小伙子连脚步都没停，只是敷衍地甩下一句："别拦着我，我在寻找幸福。"

20 年过去了，当年的小伙子已经人到中年，他依然行色匆匆。又有一个人拦住了他："喂，你这么急急忙忙的，要去干什么呀？"

"我在寻找幸福。"中年人答着，步履匆匆地走了。

又过了 20 年，中年人已经成了老眼昏花的老头子，还是迈着老弱的双腿匆匆赶路。又有人拦住他："你还在寻找幸福吗？"

"是啊。"

他回答完，猛地一惊，眼泪掉了下来。原来刚刚把他拦住的人，就是幸福之神。

很多时候，不是幸福不会降临，而是我们只忙于盲目的找寻，当幸福之神就在眼前时，也无暇顾及。人活一世，每个人都有他期盼中的幸福，可他所期盼的到底是不是真正的幸福，又有谁能说得清呢？

讲一个身边的故事吧。我上初中时，班上有个女生，本来学习成绩还不错，可初中没毕业就不上学了。按她父母的话，女孩儿最要紧的是找个好婆家，安安稳稳的比什么都好，读书再多，有什么用呢？她辍学之后我就再也没见过她，只听说没过两年她就嫁人了。有一次回老家，我刚从汽车站出来，突然听到一个女人叫我的名字。看过去，岁数应该不是很大，衣服却有些陈旧，也不干净；围巾有些乱，一看就是随便系在脖子上的。仔细一看，我认出了就是当年学习成绩还不错的女孩儿。她跟我说了很多事情，她婆家，她丈夫，家里的两个孩子。她说："我后悔了，要是当年好好念书，也能像你一样出去见见世面。你看我现在这样，每天就是做饭洗衣服，伺候一大家子，费力不讨好的，有什么劲？"

命运是把握在自己手中的，一个人选择的路、做过的事情，决定了他命运的走向。不要被表面的幻想蒙蔽，要想让幸福降临，首先你自己必须明白，什么是真正的幸福。**幸福是靠自己把握的，甚至不用做什么，只是换一个视角看问题，就会让一个人的世界变得大不一样。**

很多时候，现实情况并没有改变，改变的只是心态。有的时候，并不是处境太糟糕，而是你的注意力都在糟糕的事情上，换个角度来看，把注意力放在美好的方面，就好多了。

说了这么多，幸福到底在哪里，又该怎么找寻呢？对不起，我给不出明确的答案。

引用一句小时候在一篇童话的末尾看到的一句话吧，大意是"每个人都渴望公平，但要靠他们自己去争取，上帝帮不了忙"。而我想说，幸福也是这样。

你自己要有独特的味道

生命，那是自然给人类去雕琢的宝石。

——诺贝尔

"哇，跳舞的女人身材就是好啊……"

正在一所大厦三楼同子雅约会的男朋友看到邻桌几个美女时不禁发出感慨。

"你怎么知道她们是跳舞的？"

"当然了，你看她们穿的是统一的紧身舞衣，上面的英文翻译过来不就是'舞'吗？别告诉我你连这个英语单词也看不懂啊……"

听后，子雅有些生气，自己哪里是不懂英文单词，而是目光一直就没离开过男朋友和面前那杯咖啡，偶尔往窗外瞟一眼美丽的风景。于是，心里禁不住发牢骚：你作为我的男朋友，却这样招摇地看美女，不晓得该夸你磊落呢，还是责备你不在乎我呢？

"跳舞的有什么好看的，不就是瘦点儿吗……"

"是啊，是啊，就是太清瘦了，不如你丰满……"平时听到丰满觉得是夸赞，但此时在子雅听来，男朋友说"清瘦"时似乎有一种保护欲，说"丰满"时就像嘲笑自己胖。

于是，从那以后，子雅就暗自和自己较下了劲，发誓一定要瘦下来，这对于天生喜爱美食的她来说，简直就是折磨。

接下来，节食、运动，为了减肥甚至熬夜，因为她听说熬夜这种精神折磨法会瘦得更快……

此时的子雅，简直减肥入了魔。听到男朋友看到自己后惊呼"天啊，你怎么瘦成这样了？宝贝，要好好吃饭，我喜欢你胖一点的样子。"子雅对自己减肥成功无比高兴，但对于男朋友喜欢自己胖的样子，她想：我才不信你呢，男人都是这样，为了哄自己的女朋友，总说喜欢胖点儿，可其实呢，还不是见了面条的女人眼都直了！

子雅的疯狂一如既往，直到男朋友提出分手的那一刻，她不能接受的理由是，男朋友说自己变了。对，自己是变了，可是，不是变好看了吗？

但事实上正如男朋友所说的："你身上的味道变了，给我的感觉变了，当初我之所以喜欢你，是因为你爱笑，你贪吃可爱的模样，想要尝尽天下美食，常常会带我去吃各家餐馆的特色菜……那是我们最热衷的事情，也是最美好的回忆。我曾经想着我们就这样一起到老……可是，你看现在的你，笑容有多少？不敢吃不敢喝，天天要称重，顿顿要计算卡路里……你说是为了我，可是我说了很多次了，我不想你这样，我还是喜欢胖一点的你，我喜欢的是抱着你暖暖的感觉，而不是像抱着一个骷髅……"

我们可以理解故事中女主人公的委屈，为了爱情，为了变成男朋友眼中的完美女人，于是，抛弃自己钟爱的美食，同时也失去了味觉带给自己的最大的快乐，但到头来却还是没能守住自己的爱情，这不禁让人感到讽刺。

现实生活中，很多女人往往都会忽视了自己最特别的味道，就像踏入了迷途的羔羊，放弃了自己本身的特质，而变成了世俗攀比与诱惑的奴隶，被世俗左右着自己的情绪甚至于生活。

向日葵每天面对着太阳，优雅地昂着头，在阳光的笼罩下如女神一般。不甘于输给向日葵的茉莉花说："别看你的花大，别看你永远向着太阳，你有我香吗？"

向日葵使劲儿闻了闻自己，的确，自己没有茉莉花香。

又一天，夜来香在晚上对向日葵说："没有了阳光，你再清高不是还得低下来吗？在有月亮和星星的夜晚，你有我开得灿烂，有我芬芳吗？"

向日葵使劲儿想抬起头来看看月亮，可是却始终不行，它不得不承认，自己太依赖阳光；它又使劲儿地闻了闻自己，的确，它也没有夜来香的芬芳。

于是，向日葵不再自信，即使到了白天，它也总是低垂着脑袋。远处飞来的蒲公英看到了，便问："好奇怪，第一次见一株向日葵不向着太阳的，这么好的阳光，你为什么还低垂着脑袋呢？"

"我觉得自己太依赖阳光了，而且别的花都是香的，我却没有香味。"

"天啊，你为什么这么想呢？"

"茉莉花和夜来香来找我比香，比谁更离得开阳光，我恨自己不如它们那么香，那么特别……"

"你错了，你本身就是最特别的存在，没有花可以像你一样和太阳有着如此亲密而特殊的关系。茉莉花和夜来香也许是香，但你也有你独特的芬芳啊，你身上的味道是万物都向往而且也离不开的阳光的味道，这是多么美妙的香味，只属于你。茉莉花和夜来香也有自己独特的芬芳，所以才受人喜爱，如果所有的花草都散发着茉莉花和夜来香的香气，恐怕到那个时候，茉莉花和夜来香也就无人问津了，成了最俗、最普通的花了。"

独特，所以珍贵，花如此，女人亦是如此。每个女人都有属于自己的一抹芬芳，无需去艳羡别人身上的华妆，随着世俗的眼光去看"大众所趋"，因为我们没有必要去追随所谓的流行趋势，那反而会让我们丢失了自己的特质，变得世俗。

一个美丽的女人，她不一定容貌漂亮，但她的内心深处必然充满了丰富细腻的情感。她聚思成文，凝情为章，清婉柔淑是她的风格，卓尔不群是她的气质。**漂亮只能养眼，而女人内**

心深处独特的生命特质，却能打动人心，芬芳永驻。

女人切不可为了别人的眼光而迷失了自己，明明是一束清幽的百合，非要将自己打扮成花蝴蝶，那样的话，你将不再是你。

女人不一定要有轰轰烈烈的爱情，但她一定向往人世间最真挚的情感。缱绻依恋，柔肠百转，依然是欲说还休的爱情，依然是辗转相遇的爱情，她能理解雨夜缠绵的思绪，写一腔暮春感怀，道一声珍惜缘分，挥别美丽的忧伤。

女人不一定坚韧如钢铁，强耐寂寞。但她会从容地看待生活的闲适与挫折，不会因为生活的闲适而感到寂寞，也不会因生活的挫折而感到悲观。

女人不一定要事业辉煌，但她一定要拥有自己的一片蔚蓝天空，对生活和事业有自己独特的见解和深刻的感悟，她的思想之树上缀满了快乐，也挂满了伤感，还有对生活顿悟的细节。她习惯音乐的流淌，文字的芬芳，天空的湛蓝，和风的轻柔，心灵的静想，内心的追求永远不会泯灭。

成熟的女人明白为谁而活

我们不肯探索自己本身的价值，我们过分看重他人在自己生命里的参与。于是，孤独不再美好，失去了他人，我们惶惑不安。

——三毛《简单》

曾经有位国内小有知名度的电视女主播说，她觉得自己太好强、太理性，总觉得性格上有哪些不妥当会吓跑男生，竟然想要找个男人，让她爱到失去自己。依她的说法是"要体验一下爱到连自己也可以抛弃是怎样的感觉"，因为她一生从未糊涂过。

结果她像吸毒一样恋上了一个摄影师。这样维持大约有大半年的时间。后来，她不禁问道："女人应为男人付出的底线到底是什么呢？糊涂的爱原来比清醒更孤独。"

原来，她爱上的那个他是标准的浪子，经常抛下她和别的女子鬼混，害得她焦虑，担心被抛弃，被公然比较身材和相貌而丢面子，差点儿染上惊恐症，常常发抖、流汗，好辛苦。"大概这就是毒瘾发作的感觉吧？我怎么会把自己弄成这个样子呢？"

为爱情奋不顾身是阻碍女人独立和成功的最大障碍，不论一个女人多么富有才华和智慧，总是容易在感情上受到致命伤害，而找不到正确的人生航向。

其实，感情是最在乎尊重和平等的。真正的爱情是需要分清你我的，你的时间、你的事业、你的隐私、你的想法、你的友谊……除了爱情，还有很多东西是值得付出的。

可能很多人都会有这样的感受：越害怕失去就越容易失去。道理就像抓沙子，你手握得越紧，沙子从指缝间泄落得越多，你松松地捧起它，反而会收获满满。因此，聪明的女人，总是能尝试着让自己的心灵变得通达起来，在适度的自由、放任中，使爱坚固和永恒。

有一位知识女性，她深爱着丈夫。她的丈夫常年在外经商，但他们的感情十分融洽，从未有过一丝半点的裂缝。有人问："你不担心他在外面寻花问柳吗？"

这位女士回答："我和他的爱从来都是平等的。从接受他的爱那天起，我就给了他信任，我爱他但不苛求他。我希望他成功完美，但我从未把自己的一切抵押在他身上。我担心什么呢？有些女人从一开始就把自己摆在一个祈求感情的地位上。悲剧的根源往往就在这里：你过于看中他，也就是昭示他可以轻而易举地主宰你的感情和幸福了！在这一点上你首先就输了。"

感情是最在乎尊重和平等的。不用说，有这种见地和胸怀的女人，男人自然会感到她的可爱了。因为男人爱上一个女人的同时，并不希望在爱的约束下丧失自己的一方世界。

我们每个人都需要自由呼吸的空间。每个人都有自己的选择方式，都有自己的想法，都有自己的定位，每个人的世界都是一个相对独立的世界。给对方一定的自由，就是给予信任和尊重，我们也会因此而收获更多的尊重和爱。

不仅是爱人，就算是还没成人的孩子，也是一个独立的个体。很多女人在成为母亲之后，往往把孩子看得最重，甚至当成了自己的全部，张口闭口都是孩子，因此往往忽视了自己。可是，这样做的结果呢，往往与她们期待中的并不相同。

张姐今年虽然刚刚四十出头，可儿子小刚都已经快高中毕业了。和朋友们在一起的时候，张姐很少谈起工作，"其实在单位里不顺利挺多的，但我从来不放在心上，爱怎样就怎样吧。对我来说，只要儿子好就够了。"事实上，张姐对孩子的付出的确非常多，虽然自己也是大学毕业，但自从有了孩子，就完全把孩子放在第一位了。在家里，所有的家务活儿张姐都舍不得让儿子干，小刚长这么大连双袜子都没洗过。不过小刚偷偷对别人说："我觉得妈妈很烦，什么都要管，好像除了管我就无所事事，我不喜欢这样的妈妈。"而丈夫也越来越懒得回家了，夫妻俩除了聊孩子也越来越无话可说了。

再看看张姐在同事眼中的形象。公司的会计老大姐是这样说的："小张本来极爱干净，也爱打扮，可是自从有了孩子后，我常看见她蓬头垢面，胡乱穿衣的样子。问起她，她总是说有了孩子事情太多，没时间收拾自己。她还说，就是穿得再漂亮，一跟孩子在一起就容易搞脏，索性凑合好了。更令我吃惊的是，自从有了孩子后，她都舍不得给自己买东西了。"

不可否认，孩子是母亲生命中非常重要的一部分，但是，不应该成为全部。很多时候，所谓的"把孩子放在第一位"，其实是对自身应该肩负的更多责任的一种逃避。所谓的"为家庭、为孩子奉献自己的一切"，其结果不过是搞得自己身心疲惫，让老公觉得无趣，让孩子觉得烦人。

如果让你把生命中重要的人在心里排一个顺序的话，那个最重要的位置，你会给谁？是丈夫？孩子？父母？朋友？还是你自己？

曾经有一部风靡一时的电视剧叫《牵手》。女主角是一个叫夏小雪的中年女人。她以为只要有一份安稳的工作，有固定的收入，可以把更多的精力放在家庭上，为丈夫和孩子着想，自己就会得到丈夫钟锐全部的爱。可谁知，她的自认为英雄主义式的牺牲，换来的却是钟锐无法掩饰的冷漠。想想那副令人尴尬的情景吧——当她可怜巴巴地把自己弄得干干净净，想要钟锐和她温存的时候，钟锐却拒绝了她！这简直是女人的耻辱！但这绝对不是钟锐的错！他没有办法对一个像老妈子一样的女人激起宠爱的欲望。欲望，这不是可以靠理智控制的东西！

令人感到庆幸的是，夏小雪终于明白她该如何拯救自己。

尽管她不是为了讨回钟锐的爱，但是她在自己的人生最为不幸的时候，做出了最为明智的选择。一家外资公司，需要一个懂日文的翻译，夏小雪不是不具备这样的才能，她只是为了家牺牲了自己潜在的素养，她得到了这份工作。我们看到，那个梳着枯黄的马尾辫、穿着廉价外套，走起路来疲疲沓沓的夏小雪不见了。颇有时代感的短发，鲜明的眼线，精致的眉毛，红润的嘴唇，这是一个新的夏小雪！当钟锐见到这样的夏小雪时，他脸上露出了多么惊讶的表情！他不是不爱年纪大的夏小雪，他只是不爱一个老妈子、一个怨妇。这样的夏小雪足以让他心醉神迷、死心塌地。如果不是改变了的夏小雪让钟锐出乎意料，让王纯自觉惭愧，我们很难说故事的结局，牵手的会是旧爱，还是新欢。

记得一位著名的女作家曾经说过："女人，无论何时，都应该像树一样站立。"是的，女人应该是一棵站立的树，历经狂风暴雨却屹然挺立；女人不应该是一根藤，一根只能依靠它物才能生存的藤。女人要为自己而活，因为自己才是自己的全部。女人应该爱自己，疼自己，不放弃自己，开开心心地做自己。

爱自己的女人，因为心里充满了爱，也会用爱的眼神来看世界。女人爱自己，为自己而活，不是自私，这是掌握命运的方式。懂得爱自己的女人，连上帝都会忍不住多分一份爱给她！把自己调整好，自尊自强自爱，生活才会更有价值，这样的女人身上会散发出迷人的芬芳。

给爱一个自由呼吸的空间

　　爱是纯洁的，爱的内容里，不能有一点渣滓；爱是至善至诚的，爱的范围里，不能有丝毫私欲。

——卢莎公爵夫人

　　曼丽有一个朋友叫叶眉，曼丽认识她的时候，她28岁，单身一人，还没有谈朋友。叶眉说："我的父母都是普通公民，找工作没什么门路，在学校时我怕学不好专业课，毕业后就业困难，所以大部分时间都用在学习上了；业余时间，为了减轻家里的负担，我都是做家教、打短工，哪里还有时间谈恋爱？"

　　曼丽说："你现在已经工作好几年了，怎么还不找一个呢？是不是你对男方的要求很苛刻？"

　　叶眉说："我对男方没什么特别的要求。我不像许多女孩，要求男方又有房子又有车。我感觉那不是在嫁给他，而是嫁给房子和车了。"

"那你现在一个人生活，不觉得孤单吗？难道不感觉生活中缺少了一些东西？"曼丽认识的好几个还没谈男朋友的女孩子，有的比叶眉年龄还小，跟她们聊天的时候，在她们嘴里吐出最频繁的几个字就是"孤单""生活无聊"。曼丽想，叶眉肯定也有这样的感觉。

叶眉甩了一下飘逸的黑发，看着曼丽说："我没有这种感觉。平时上班，每天都忙忙碌碌，根本没时间想别的事情；周末我报了健美班，学瑜伽，做健美操。我现在的生活很充实，没有你说的那种孤单感觉。"

"可是你的年龄终究是越来越大，需要成家立业，要找对象的，不能因为自己不孤单就不找另一半呀。"

叶眉笑着说："在爱情方面，我是随缘的。我相信缘分，缘分到了，自然会找到相爱的人。"

曼丽有些担心地说："如果你不主动出击，我觉得你今后找对象的难度会越来越大。哪里有那么好的随缘爱情来到你身边……"

叶眉笑了，摇着头，对曼丽的话不置可否。

和叶眉那次聊天过后，转眼一晃，她们又有三年没有见面了。直到上个月，她打电话让曼丽参加她的婚礼，曼丽才知道，她找到了自己的另一半了。

在婚礼上，曼丽见到了叶眉的新郎，是一位很帅的小伙子，在一家公司任副总经理。曼丽悄悄问叶眉说："你们是怎么认识的，是不是你主动追人家的？"

听了曼丽打趣的话，叶眉说："我是去他们单位谈业务时认识他的。他也是因为工作忙，才耽搁到现在没有恋爱。后来我们便自然地交往起来，顺理成章地走到今天。"

"那他怎么看上你的？"曼丽有些不解地问，"人家可是公司的副总经理。"

"我和他交往，正是因为随缘，没有强求，他才爱上我的。"叶眉的脸上洋溢着幸福，"他说，他就是看上我这种对生活的态度，才决定娶我的……"

听了叶眉的话，曼丽一下子明白过来，也终于理解了叶眉的"随缘"爱情。在叶眉看来，"随缘"便是一种真实、自然的生活态度，不矫揉造作，不急功近利，以平和的心态面对生活，以积极健康的姿态迎接每一天。正是凭着对爱情的这份"随缘"，叶眉终于换来别人对她的认可，并最终获得了她的真爱……

梦雪与王骁是在大学时相恋的，毕业之后，双双去大城市打拼，想着凭两个人的努力，撑起自己的一片小天地。可是，过了几年，到了谈婚论嫁的年龄，两个人的收入都增加了不少，也积累了一些工作技能。可依然是普通的工薪一族，别说事业无望，在这个城市站住脚都很勉强。在一次春节之后，梦雪提出了分手，在王骁的百般挽留之下，依然头也不回地离开了那个大城市，回到了自己的家乡。

她说，王骁的老家跟自己家远隔千里，而且家庭条件一般，如果真的要离开大城市，与其去那个人生地不熟的地方过穷日子，倒不如回到自己父母身边，好好规划一下未来。

于是她回老家后开始相亲，很快就结婚了，丈夫是个做生意的小老板，家里也比较有钱。可是，结婚后，梦雪却发现，她跟丈夫在一起的时候总觉得有些不自在，不像跟王骁在一起时那么自然，那么开心。

可后悔已经来不及了。

爱要随缘，不必定下各种条条框框，更不必掺杂太多外在因素，跟着感觉走，喜欢就去追，不喜欢就回避，总有一天会遇到那个对的人。在没有遇到真挚的爱情的时候，我们也许会迷茫、会惶惑，甚至于不知道自己需要的究竟是什么，直到你遇到了一个人，你才会在恍然间彻悟。

笑笑小的时候，学习成绩很好。父母为了鼓励她，定下了一条规矩：如果她想要什么东西，就要考出理想的成绩。有一次期末考试之前，父亲跟她约定，如果考了第一名，就可以得到她心仪已久的洋娃娃，考了第二名，可以得到一双新鞋，考了第三名，可以得到一套24色的彩笔，要是考不进前三名，就什么也得不到了。

结果那次考试她发挥失常，没有得到任何奖励，而她想要的东西自然也没有得到。

从那以后，她对学习再也没有了兴趣，成绩只是维持在中等水平，而且她跟父母的关系也不再向以往那么亲密无间，有了一种无形的隔阂。

父母对孩子的爱自然是毋庸置疑的。可孩子是天真无邪的，他们对世界的思考还没有那么深刻，容易根据自己的直接感受去判断人和事，而附带了条件的宠爱，带给他们的感觉并不是幸福。

父母和孩子之间有一种源出自然的爱，父母对孩子最本能的爱，才是孩子温暖的源泉。虽然爱不仅是抚养与保护，也包括培养和教导，但在教育孩子的同时，也不要忘了自己的初衷，让那最珍贵的爱掺上杂质。

爱是内心深处的一种感应，它会自然而然来到我们的身边，不需要刻意去把握。若是刻意追求、刻意塑造，不仅会平添烦恼，而且很容易失去本真。**爱需要自由自在地呼吸，自由自在地成长**。只有这样，爱的树苗才能健康生长，枝繁叶茂，为奔波的灵魂撑起一片绿荫。

以虫蛹的姿态，等待情感的破茧成蝶

人类的一切智慧是包含在这四个字里面的："等待"和"希望"。

——大仲马

2007年4月26日，50岁的中国作家协会主席铁凝，终于到户口所在地办理了结婚登记手续。而她的另一半是中国证券市场最具影响力的经济学家之一，燕京华侨大学校长——华生。

1991年初夏，那年铁凝34岁，她冒着雨去看冰心。冰心关切地问铁凝："你有男朋友了吗？""我还没找呢。"铁凝笑着回答。90岁高龄的冰心老人语重心长地对铁凝说："你不要找，你要等。"冰心老人的这句话给了铁凝深刻的影响。

50岁才与华生结为伉俪，这无疑是一个奇迹。很长时间以来，在婚姻的空白中，铁凝一直铭记冰心的话，一个人在静心地等待，不再刻意去寻找。她总觉得冰心老人的话充满了禅机，蕴含着深刻的人生哲理。

就这样在等待中，华生出现了。铁凝和华生曾经去过江苏的金山寺。金山寺有一块匾，篆刻四个字——"心喜欢生"，意思是你的心喜悦了，欢乐就生出来了。在苏州的山塘街，铁凝和华生一起听评弹，那是根据陆游和唐婉的爱情改编的《钗头凤》。两个心怀柔情的中年人，终于在千百年的爱情绝唱中，感到"内心温湿柔润"，相视一笑，他们又何其幸福，终于能在茫茫人海中，找到最契合灵魂的另一半。

铁凝就这样在等待中找到了自己灵魂的另一半，**以虫蛹的姿态，等待情感的破茧成蝶。**

在世上有很多人甘于寂寞去苦苦等待那份珍贵爱情的出现，虽然不知道它什么时候会出现，正如席慕蓉所说：为了与你相遇，我在佛前求了五百年。爱情从来都是那么美好。美好的事物往往需要沉下心来慢慢等待，即使她姗姗来迟。美好的事物需要等待，在等待中只要用心去慢慢体会，它总有一天会出现在我们身边。

人生从来就不会一帆风顺，社会的阴霾不公，生活的颠沛流离，爱情的怅然若失，事业的壮志难酬，这一切都让我们感到无助和悲伤。当我们一无所有，当我们什么也抓不住的时候；当我们对人生失去信心，对自己已经不抱任何希望时——生活轻易就会使我们从失望变为绝望。

然而绝望并不是结束，它只是暂时的挣扎。无论生活多么艰难，我们都不要放弃希望。只要这个世界上还有爱存在，所有的艰辛都会过去。

下雨天，一位开车的年轻人看到环卫工人没有地方躲雨，就把车停下，要求他上车避雨。环卫工人怕把年轻人的车弄脏，也担心自己上车之后，清扫工具放在外面会被别人拿走，婉拒了年轻人的邀请。小伙子没有开车离开，而是跟环卫工人一起坐在后备箱里躲雨。

即使在冷雨之中，也有温暖存在。我们不得不承认世间存在着冷漠与无情，但是爱是存在于每个人的身上的，它静静地流淌在我们的血液中，与我们的生命同在。

也许是气喘吁吁赶上了公交车，却发现忘带了公交卡，身上又没有零钱的时候，陌生人递过来的两个硬币。也许是走到马路中间，红灯突然亮起来的时候，旁边的司机耐心等待的几秒。在这个世界上，总是存在着一些温暖，让我们在不经意间感动。

曾经看过一个小视频，一个女孩儿呆呆地坐在阳台上望着窗外，她已经对这个世界彻底失望了，只想离开这个世界。她用手机在网上提问，"手的动脉在哪里，越详细越好"。我想，此时此刻，对这世上的一切她都已经不再留恋。

她的问题很快就得到了回复：

"这个你不用知道，医生知道就好，我们爱你。"

"你的动脉被我藏起来了，你笑一下我就给你看。"

"傻瓜，你的动脉当然是在我心里啊。"

女孩儿看着手机，破涕为笑。也许现实生活中的困境还在等待着她，但她的生命已经得到了挽救。即使独自一人的时候，在这个世界上，还有这么多陌生人爱着自己，用他们的爱心和关怀来挽救一条陌生的生命。还有什么可值得绝望的呢？

这个世界也许没我们渴望的那么美好，但也没有想象的那么糟糕。也许在此时此刻，我们的眼前一片迷茫，看不见未来，也看不见希望。不过，也许就在下一秒，人生的转机就会出现。爱散布在这个世界的每个角落，它随时随地都会与我们不期而遇，给我们温暖，给我们力量。

在几米的画册《希望井》中有这样的话：我掉入井中，在最深的绝望里，却低头看到了满眼的星光。

生活总是给我们接二连三的困难，让我们疲惫绝望。其实，只要换个姿态，你就会发现，即使身处绝望，你的周围还是会有最美的风景。绝壁上你看到的花朵永远比寻常的更为妖娆。无论如何，都不要轻易放弃和绝望，因为也许低头的瞬间便可以发现满眼的星光。

第 十 章

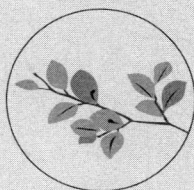

朝圣路上，遇见最从容的自己

围城内外，幸福如一

只有懂幸福的人，才懂得进退一样精彩。

——A-Lin《围城》

已经是两年前的事情了吧。有一次跟同事聊天，说到女人要独立的话题。同事说："既然女人要独立，什么都靠自己，那大家还结婚做什么呢？"

当时，最笨的我一时之间找不到适合的话来回答她，只能沉默下来。不过那只是一次闲谈，不久就被我抛到脑后了。可最近一次和朋友晓雯见面之后，这个问题又一次浮现在我的脑海，而且，似乎已经有了比较清晰的答案。

晓雯本来是一家广告公司的 AM，工作虽然辛苦，但收入还算不错，小日子也过得挺滋润的。可怀孕之后，就辞掉了原来的工作，先是在家养胎，生完孩子后就做起了全职妈妈。

这次跟晓雯见面是在她的家里，因为孩子太小，晓雯要守着他，不方便出门。在去晓雯家的路上，我曾想象当上全职妈妈之后的样子：穿着宽松舒适的睡衣，头发随便扎一下，脸上不施粉黛，但依然像以前一样挂着一抹浅浅的笑，一副贤妻良母的样子。因为脑海中浮现的形象和我之前所熟悉的晓雯反差太大，我觉得有趣，竟在公交车上不由自主地笑起来。

可见到晓雯的时候，才发现她跟我想象得并不一样。确实没有化妆，但并不像一般的家庭妇女般不修边幅，藕粉色蝙蝠袖 T 恤配牛仔裤，一头长发梳成简单的发髻，干净利落的打扮。屋子里也很整齐，虽然不算一尘不染，但东西都放得整整齐齐，比一般有小孩的人家干净得多。阳台上挂着洗好的衣服，孩子的多，大人的少，其中还有一条樱红色碎花的雪纺裙子在随风摇曳，在初夏的阳光下舞成一朵盛开的花，漂亮极了。

说起话来，我才知道，她虽然做了全职妈妈，却没有一天到晚只围着老公和孩子转。每天，她白天照顾孩子，晚上学英语、了解行业最新动态，虽然没有出去工作，但一直和外界保持着同步；空闲的时间看看自己喜欢的书，日子过得充实而有趣。

我问她："带孩子这么辛苦，还要做家务，你怎么忙得过来呢？"

晓雯说："有我家老张帮忙啊！白天家里只有我自己，不过老张下班回来以后，家务活儿都是我们俩一起做，很快就弄完了。然后他看着孩子，我看书学习。午饭也是他前一天晚上做好的，我用微波炉热一下就能吃了。"

"天天让他做家务，他愿意？"

"愿意啊，做得挺高兴呢！"

……

在不久之后的一次聚会上，我听见有人说起晓雯："我就是瞧不起那样的女人，那么好的工作不做，仗着她老公挣得多，偏偏回家当全职太太。别看她现在快活，将来有后悔的时候！"

我笑了笑。不小心偷听了别人的聊天已经不太好了，不好意思再去贸然插嘴反驳，只得像没听见似的走开。

在大多数人的印象里，家庭主妇的形象都是全身心扑到丈夫和孩子身上，与社会脱节，没有工作技能的小女人。但是晓雯并没有把自己限制在传统家庭主妇的角色里，而是自由自在地做自己。

也许有人会说，"还不是因为她碰到了一个好老公，要不是她老公每天帮着她干活儿，她哪儿有那个闲工夫？"可是晓雯告诉我，家是两个人的，孩子也是两个人的，照顾家庭的责任本来就该两个人一起分担。现在只是因为孩子太小，需要母亲守在身边，所以她在家庭这方面付出的多一些，并不是从此之后就要把老公当衣食父母，自己只围着老公和孩子转。

"因为我一直在努力进步，如果有一天需要独自奋斗，我也做好了足够的准备。所以他不敢看不起我，也不敢不尊重我。"

晓雯说这些的时候脸上有些骄傲的神色，同时也带着满脸的幸福甜蜜。让我想起了她和老公相恋时，他们之间的各种秀甜蜜和撒狗粮，还有一路走来的相互支持与鼓励。

我很不明白，为什么有些女人在结婚之后，就要把自己限制在框框里。我的一个亲戚就是这样，三十多岁的年纪，这一辈子似乎都能看到头了。除了上班之外，就是家里大大小小的事情。每天发好几条朋友圈，无外乎是孩子有什么好玩儿的举动，老公今天回家早了或晚了，婆婆如何如何，老公家亲戚如何如何，给老公、孩子买了什么什么，做了什么什么饭，等等。

有一次见到她，跟她聊天。她说想出去旅游。我说："想去就去啊！"她却说："倒是想去，哪儿有时间呢？太忙了！"然后就告诉我她每天要做多少事情，从做一家人的早饭，到等孩子洗澡睡着后洗衣服、收拾屋子，等到忙完，就差不多该睡觉了。她已经不知道多久没出去跟朋友见面，以前的老朋友已经基本上没有联系了，衣服也是随便穿穿，更别说保养皮肤。

可是转过脸来，她又劝我趁现在还算年轻，赶紧找个对象，还以过来人的身份告诉我，结婚以后应该怎样怎样。见我不以为意，就在那里着急起来，苦口婆心地劝我，说女人最重要的就是找个好点儿的对象，好好安顿下来，趁年轻要个孩子，把家庭照顾好，不能不当回事，再这么玩儿下去了。

男人和女人的角色，似乎从很早以前就已固定，"男主外，女主内"，女人是男人的从属。后来这一模式被打破，女人和男人一样工作，撑起了半边天。可是，女人，起码是中国的女人，在家庭中需要承担的责任并没有减轻。别的不说，只需生孩子这一件事，就足够让一个女人的事业停滞不前，少则一两年，多则一辈子。

　　还有一部分女人选择了另一条路，一心扑到事业和金钱上，拼命在职场上摸爬滚打，结果事业上大获成功，感情世界却成为一片荒漠。

　　其实，**女人最好的姿态就是保持她自己的本色，不被家庭牵绊，也不被事业束缚，自由自在地做自己。**

　　钱钟书先生在《围城》里说，婚姻是一座被围困的城堡，"城外的人想冲进去，城里的人想逃出来。""冲"是因为诱惑，"逃"是因为束缚，都不是真正的爱。爱的内核是温暖而光明的，如果你爱一个人，就该支持他活出他想要的样子；如果他爱你，他也会希望你变得更好。只有这样，爱情和婚姻才会成为温暖的巢，而不是限制自由的牢笼。

价值在自己手中

我要微笑着面对整个世界，当我微笑的时候全世界都在对我笑。

——乔·吉拉德

一位伟人说过："要么你去驾驭生命，要么是生命在驾驭你。你的心态决定谁是坐骑，谁是骑师。"人生并非只是一种无奈，而是可以由自己主观努力去把握和调控的，心态就是调控人生的控制塔。女人有什么样的心态，就会有什么样的生活和命运。

女人的命运在自己手里。

西方有一个名叫胡达克鲁丝的老太太，她的朋友和邻居麦克夫人和她是同龄人。她们在共同庆祝七十大寿时，麦克夫人认为人活六十古来稀，自己已年届七十，是该去见上帝的年龄了，因此她决定坐在家里，足不出户，颐养天年。她为自己做寿衣，选墓地，安排后事。而胡达克鲁丝则认为：一个人能否做什么事，不在年龄的大小，而在于自己的想法，于是她开始学习爬山，其中有几座还是世界上有名的高山。后来，她在九十五岁高龄时登上了日本的富士山，打破了攀登此山年龄最高的纪录。

同样是受到七十岁生日这个信息的刺激，麦克夫人的心理反应趋向是消极的。她采取了足不出户，安排后事的活动，结果在几年后就去见上帝了。而胡达克鲁丝的反应则是以积极向上的心态生活，她采取了爬山的行动，结果创造了一项吉尼斯世界纪录。所以说：女人的心态与命运相连，不要让消极的念头占据你的思想，女人什么时候都应该保持积极向上的心态。

聪明的女人不会只让自己看起来美丽，还会培养自己良好的心态，主宰自己的人生。当女人有了良好的心态，就能享受生活赋予的幸福，能够承受生活的重重压力，并有勇气挑战各种困难和挫折。

珍惜和善待生命，就是善待自己。它能让痛苦和烦恼远离女人的一生，让女人在恬静的生活中感知生命，它让女人走过无痕的岁月而无怨无悔。

人生是没有后退的生命之旅，面对神圣而有限的生命，女人更要珍惜和善待，寻找属于自己幸福的人生。我们要静静地思考生活，细细地品味生活，在淡然豁达中享受生活，让自己活得精致而有意义。

有一个生长在孤儿院中的小女孩儿，常常悲观地问院长："像我这样的没人要的孩子，活着究竟有什么意思呢？"

女院长总是笑而不答。

有一天，女院长交给女孩儿一块石头，说："明天早上，你拿这块石头到市场上去卖，但不是'真卖'，记住，无论别人出多少钱，绝对不能卖。"

第二天，女孩儿拿着石头蹲在市场的角落，意外地发现有不少人对她的石头感兴趣，而且价钱越出越高。回到孤儿院，女孩儿兴奋地向院长报告。院长笑笑，要她明天拿到黄金市场去卖。在黄金市场上，有人出比昨天高十倍的价钱来买这块石头。

最后，院长叫女孩儿把石头拿到宝石市场上展示，结果，石头的身价又涨了十倍，由于女孩儿怎么都不卖，竟然被人们传为"稀世珍宝"。

女孩儿兴冲冲地捧着石头回到孤儿院，把这一切告诉院长，并问为什么会这样。

院长没有笑，望着孩子慢慢说道："生命的价值就像这块石头一样，在不同的环境下就会有不同的意义。一块不起眼的石头，由于你的珍惜，惜售而提升了它的价值，竟被传为稀世珍宝。你不就像这块石头一样？只要自己看重自己，自己珍惜自己，生命就有意义、有价值。"

自己把自己不当回事，别人更瞧不起你，生命的价值首先取决于你自己的态度，珍惜独一无二的自己，珍惜这短暂的几十年光阴，然后再去不断充实、发觉自己，最后社会才会认同你的价值。

人生中有晴天丽日，也有阴雨霏霏。悲观的女人总是看到红灯，积极的女人则总是看到绿灯，因此后者才有了不衰的魅力。

上帝看到麦子丰收在望，非常开心。一位农夫看到上帝说："仁慈的上帝，您可不可以允诺我的请求，只要一年的时间，不要有大风雨、烈日干旱和虫害？"上帝说："好吧，明年不管别人如何，一定如你所愿。"

第二年，这位农夫的田地果然结出许多麦穗。因为没有任何大风雨、烈日和虫害，麦穗比往年多了一倍，农夫兴奋不已。可等到收获的时候，奇怪的事情发生了，农夫的麦穗里竟然是瘪瘪的，没有什么籽粒。农夫含着眼泪跪下来向上帝问道："这是怎么回事，您是不是搞错了什么？"

上帝说："我没有搞错，因为你的麦子避开了所有的磨砺，所以变得十分无能。对于一粒麦子来说，一些风雨是必要的（风能传播花粉使小麦受精结果，雨能滋润营养它们）；烈日更是必要的（小麦要经阳光的光合作用才能长大）；甚至蝗虫也是必要的（小麦经过与蝗虫的搏斗才能增强抗病害能力）。这所有的一切，能让小麦汲取生长成熟不可缺少的因子，唤醒麦子内在的灵魂。"

小麦也好，人也罢，磨砺和锻炼都是生命历程中不可或缺的重要因素。只有正视生活中的不顺利、不完美，才能成就最好的自己。在生活中，我们总是说有什么样的环境就有什么样的人生，而由这则故事可知环境并不能决定人生，而我们面对环境特有的态度却可以改变人的一生。

生活中总会有各种各样的事情发生，没有人可以预料明天会发生什么，但人可以用良好的心态做人生的指挥官，相信自己才是自己命运的主宰。

命运，一种神秘莫测、若有若无的力量，总是在同我们的执着做着无休止的人生游戏。它就像一个无情的指挥棒，全然不顾我们的喜好，把我们推入一个个陌生的地方、危险的领域，让我们的生命起起落落。它又像一张大网，我们被束缚其中，苦苦挣扎，刚刚感到有些光明、有些希望，却又立刻被它毫不费力到地拉了回来。

在命运面前，我们能说什么？无奈，叹息，愤懑，抑或坦然接受？不，这都不应该是我们的选择，**我们要善待生命，敢于接受命运的挑战。**

若你历经艰难险阻，却发现自己不仅没有到达目的地，反而迷失在路上时；若你夜以继日地苦读，却总是与理想的学校无缘时；若你辛辛苦苦、兢兢业业地奋斗换来的却是一无所有时；若你愿意赴汤蹈火、一生相守的爱人毅然决然地离你而去时；若你被突然而来的灾难砸得麻木、失去知觉时，你都不能惧怕命运朝你做出狰狞鬼脸。

但是有时候你也能获得意外的财富，比如无心而赢得一笔大奖，比如得到丰厚的馈赠，比如突然间，由一只"丑小鸭"变为翱翔天空的"天鹅"，这个时候，命运就像一个奇妙的精灵，向你呈现出了美丽的微笑。

没有一个人能在完全的好运中度过一生，每个人都会遇到坏的命运，都需要面对灾难，只是我们对它的态度不同罢了。

看淡年华，从容老去

> 人世间，比青春再可贵的东西实在没有，然而青春也最容易消逝。最可贵的东西却不甚为人们所爱惜，最易消逝的东西却在促使它的消逝。谁能保持永远的青春，便是伟大的人。
>
> ——郭沫若

"青春"永远是个美丽动人的字眼，它赋予女人健康美丽。比如：红润光泽的皮肤，明亮有神的大眼睛，乌黑亮丽的头发，苗条优美的身材。相信每一个女人都希望保持这份独特的风姿和魅力，因此很多人不惜代价美容或吃维生素来挽留青春。不过，如今世界上可能还没有一种美容品能够真正留住女人的青春，充其量不过是掩饰或延缓衰老而已。那么，这让爱美的女人们情何以堪？

其实，她们都忽视了一剂良药——内在的精神与力量。俗话说："不怕人老，就怕心老。"毕竟时间总是在不停地流逝，我们总免不了衰老憔悴的那天，与其耿耿于怀，不如从容面对。如果用强大的内心来保护自己，那么即使面容留下岁月的痕迹，女人也可以保持年轻时代的风采和朝气！

在一次美容讲座中，一位说话清纯、满脸笑容的美容师给学员们提了这样一个问题："请在座的各位猜一下我的年龄。"

有的猜 30 岁，有的猜 28 岁。但美容师都是微笑着摇头否认。

她说："现在我来告诉大家吧，我只有 18 岁零几个月。"

一片哗然声响起。这时，美容师接着说："至于这零几个月是多少，请大家自己去琢磨吧，也许是几个月，也许是几十个月，或者更多。但是，我的心情只有 18 岁。"

说完，大家报以热烈的掌声。

人可以老，心不要老，就像这位美容师一样，只要你永远都保持 18 岁的心情，青春就会永驻！相反，如果一个人的心情是忧郁的，那么，再昂贵的化妆品也掩饰不住她满脸的愁云，再高超的美容师也无法抚平她紧锁的眉头。

其实，一份好心情，不仅可以改变自己，同时，更会感染别人，那种由内而外的韵味浸透出来的柔美，就像蒙娜丽莎的微笑，就像维纳斯的断臂，就像李清照"至今思项羽，不肯过江东"的豪气……如果一个人拥有快乐的心情，就会变得美丽、自信、优雅、年轻，就会从容地笑对人生。

曾经在微博上看到过一组照片，一位纽约的摄影师以穿着精致有品位的老妇人为对象，进行了一组街拍，再把拍到的照片上传到网络。照片中的女主角最大年龄的有100岁，然后是90岁、71岁、69岁……但她们用心搭配的衣服恰如其分地衬托了她们的气质，围巾、帽子、墨镜之类的佩饰也运用得恰到好处。那组照片让世人惊艳，一时之间，引起了广大网友，尤其是女人们的热议。大家都希望自己到老了的时候，也能如此美丽动人。

美丽与岁月无关。美丽的真正含义是拥有一份清闲的生活状态和对是非的那种风轻云淡的怡然心境。

提起卡门·戴尔·奥利菲斯这个名字，也许很多人都会觉得很陌生，但是她作为一名活到老年依然风采照人的模特，那一头银白色的头发，一米八的身高，修长的身材，举手投足之间带着一种干练而霸气的美丽，让人忍不住地倾倒与震撼。

然而，最让人敬服的，并不是她的外貌与气度，而是她不平凡的人生经历。

在她年幼的时候，她的父亲为了实现心中的"艺术梦想"，离开了她和她的母亲。母女俩陷入穷困之中，一度连房租都交不起。在生活陷入困境之时，奥利菲斯选择给绘画大师萨尔瓦多·达利做人体模特，时薪12美元。在那个年代，"人体模特"并不是一个光彩的职业，相当于"妓女"的代名词。可这份工作可以让还未成年的奥利菲斯每星期有60美元的收入（相当于现在的1200美元）。靠着这份收入，她和母亲摆脱了贫困的生活。奥利菲斯的模特之路由此展开，在15岁那年，她成为了美国《Vogue》杂志最年轻的封面女郎。

奥利菲斯拥有意大利和匈牙利两国的血统，这让她拥有了与众不同的美丽外貌。对于年轻女孩儿来说，美貌也许只是上天的一份眷顾，但是，如果拥有这份美貌和身材的是一个八十多岁的女人，那就是一个让人惊叹的奇迹了。八十多岁的年纪，本来应该步履蹒跚，在儿孙的侍奉下颐养天年。可奥利菲斯却不一样，她是模特界的一个"不老的传说"，在 T 台上，她的风采丝毫不逊于年轻模特。

奥利菲斯能在八十多岁的高龄保持风采，其实并不是一个奇迹。美丽是需要呵护的，再娇艳的花朵，如果没有细心的养护，也终有一天会凋零。在一次采访中，记者问她："你花这么多钱保养也没看你身上多点什么。"她说："我保养不是想让身体多点什么，而是想让身体少点东西。最起码老年斑比你少点，脸上的皱纹比你少点，身上的酸痛比你少点，腹部赘肉也比你少点。"

即使年华逝去，青春不再，也要用心呵护自己的美，岁月对她来说并不重要，重要的是在当下，做最好的自己。

诺拉·奥奇斯在她九十五岁高龄的时候，与二十一岁的孙女一起拿到了大学毕业证，创下了世界上最高龄的大学毕业纪录。

奥奇斯的丈夫在她六十多岁的时候去世了，当时她就开始在小区大学修课，修了三十多年，终于到堪萨斯州立大学修足了最后一堂课，拿到了历史学位。

自从这个"世界纪录"传出来之后，有记者跑到校园里去"堵"她，看见白发皤然的老太太拎着一只装着书的布袋，缓缓走下走廊，校园里每个学生都认识她，跟她打招呼。记者问她感想如何，她说："我跟别的学生没两样啊，只要你别管我几岁。我心智清楚，身体也没有问题。"

不要因为年龄而丧失对生活的希望，只要心中还有梦，生命的光辉就永不熄灭；只要人生还有一点时间在，梦想就可以让人活得更好。

即使时间在你脸上刻下痕迹，使你四肢衰弱，行动迟缓，然而，只要你在自己的精神领域里始终留有一个让时间所无法靠近的地方，那么，你觉得自己有多年轻就会有多年轻。作家美斯特·埃克哈特曾说过，时间能使你变老，但在心灵的某个地方存在着永恒不灭的东西，这里是连时间都触摸不到的。**如果你感觉到内心的温暖与强大，那么没有人能够夺走你心里的青春。**

你的人生里，你是唯一的主角

谁要是游戏人生，他就一事无成；谁不能主宰自己，永远是一个奴隶。

——歌德

女人的一生总是在喜怒哀乐、悲欢离合中度过的。要做自己生命中的主角，那就要做到，不管遭遇到什么不如意的事、遭遇到什么悲惨的逆境，都能把握好自己的"度"。都要做到，在逆境下求生存，越挫越勇，永不言败。

所以，哪怕自己的"地位"很低，哪怕总是处在逆境中，哪怕只是一个生活中微不足道的小小的"配角"，但也要挺起胸膛，堂堂正正地做人，理直气壮地做好自己生命中的主角，昂首阔步地在人生这个大舞台中演绎真实的自己。切不可为了追求所谓的"享乐"而在自己生命的大舞台中迷失了自己。

张爱玲说："生命是一袭华美的袍，爬满了虱子。"外表的光鲜并不代表内在就是幸福的。每个人都有不为人知的苦楚，甚至有人刻意戴着面具生活，但是无论外在如何的坚强、如何的成功，一个人的内心脆弱往往很难被掩饰，我们终究逃不开内心的纠葛，所以当我们回望自己的人生印迹时，也许会说："这不是我想要的生活。"

一位著名女影星在接受电视台采访时，吐露了出道以来一直未敢道出的心声，宣布了自己即将结束演艺生涯的决定。当时的她正值事业的巅峰期，前途不可限量，此时做出这样的决定未免太过可惜。大家都不愿意相信这样的事实，主持人甚至认为她只是在开玩笑，于是就问道："你为什么会做出这样的决定？"她微微一笑，从容不迫地解释说："因为从今天开始我要为自己而活。"

生活就是一出戏，我们每个人都争着抢着想要成为戏里的主角，每个人都希望得到别人的掌声，希望成为舞台上独一无二的主角，希望在众人面前出色地表演：说着言不由衷的话，做着身不由己的事情，就连一颦一笑也要做到逼真。然而曲终人散，我们的内心是否感到一丝孤寂和落寞？我们是否从未得到应有的快乐？我们是否真正希望自己成为这样一个角色？人很容易淹没在别人的掌声里，诱惑或者激励、惶惑抑或迷失。每一个人都在生活的舞台上参演了一个角色，然而故事剧本的发展从来都不由人决定。

有一位女子，出身一个平常的家庭，做一份平常的工作，嫁了一个平常的丈夫，有一个平常的家。总之，她十分平常。

忽然有一天，报纸大张旗鼓地招聘一名特型演员演王妃。她的一位好心朋友替她寄去一张应聘照片，没想到，这个平常的女子从此开始了她的"王妃"生涯。

一开始，是想象不到的艰难。她阅读了许多有关王妃的书籍，她细心地揣摩王妃的每一缕心事，她一再重复王妃的一颦一笑、一言一行。

不像，不像，这不像，那也不像！导演、摄影师无比挑剔，一次又一次让她重来……

而现在，平常女子已经能驾轻就熟地扮演王妃了，进入角色已无须费多少时间。糟糕的是，现在她要想回复到那个平常的自己却非常困难，有时要整整折腾一个晚上。每天早上醒来，她必须一再提醒自己"我是谁"，以防止毫无来由地对人颐指气使；在与善良的丈夫和活泼的女儿相处时，她必须一再告诫自己"我是谁"，以避免莫名其妙地对他们喜怒无常。

平常女子深感痛苦地对人说："一个享受过优厚待遇和至高尊崇的人，回复平常实在太难了。"

说这话时，她仍然像个王妃。

人生纵使精彩万分，让人羡慕不已，然而事实上我们从来都是为别人而演出，都是为了别人的掌声而表演。而我们自己真正渴望的是怎样的生活呢？什么才是真正适合我们需要的生活呢？静下心来想一想，我们太过执着地沉迷在一时的成功里，太过在乎别人的眼光，过着不是自己想要的生活。每个人心中都会有一个最真实的梦想，这一份纯真的渴望，也许才是生命价值和意义的所在，但是我们太容易将它遗忘，轻而易举就将它放弃掉。

我们往往习惯于出现在别人的世界里，生活在别人的构想中，站在舞台上，接受别人的掌声。然而很多时候，那只是一个廉价的肯定和鼓舞。我们不要仅仅只为了在别人面前证明自己，更应该在人生的舞台上证明给自己看。人生的表演再精彩迷人，也只是演了一场不真实的戏而已。生活需要我们去演绎自己的人生，我们应当为自己鼓上一次掌，应该当一回自己的观众，应该痛痛快快地为自己表演一次。人生不要总是为了迎合别人的需要而生活。事实上，想要给予别人快乐并不难，但是想要满足自己的快乐需求却并不是那么容易。大多数时候，我们都是活在别人的期望之中，然而一个人存在的意义首先是自我价值的实现。兰花生于幽谷，不是为了别人欣赏的目光而活。它只是在偏僻无人处自在地为自己而活，过着自己想要的生活。

真正幸福的人生应该是过自己想要的生活，要遵从着内心的意愿去生活。生活的幸福正在于活出自己人生的滋味。记住，**在你的人生里，只有你自己，是唯一的主角。**

朝圣路上，遇见最从容的自己

如果你不能成为大道，那就当一条小路；如果你不能成为太阳，那就当一颗星星。决定成败的不是你尺寸的大小——而在做一个最了解的你。

——道格拉斯·玛拉赫

一天，上帝酒足饭饱之后，突发奇想："假如让现在世界上每一位生存者再活一次，他们会怎样选择呢？"于是，上帝授意给世界上每一种动物发一份试卷，让大家填写。答卷收回后，令上帝大吃一惊。

猫："假如让我再活一次，我要做一只鼠。我偷吃主人一条鱼，会被主人打个半死。老鼠呢，可以在厨房翻箱倒柜，大吃大喝，人们对它也无可奈何。"

鼠："假如让我再活一次，我要做一只猫。吃皇粮，拿官饷，由主人供养，时不时还有我们的同类给它送鱼送虾，多自在。"

猪："假如让我再活一次，我要当一头牛。生活虽然累点，但名声好。我们似乎是傻瓜蠢蛋的象征，连骂人也都要说蠢猪。"

牛："假如让我再活一次，我愿做一头猪。我吃的是草，挤的是奶，干的是力气活儿，有谁给我评过功，发过奖？那么多人喝过我的奶，可有谁叫过我一声'妈'？做猪多快活，吃了睡，睡了吃，肥头大耳，生活赛过神仙。"

鹰："假如让我再活一次，我愿做一只鸡。渴有水，饿有米，住有房，还受主人保护。我们呢，一年四季漂泊在外，风吹雨打，还要时刻提防冷枪暗箭，活得多累呀！"

鸡："假如让我再活一次，我愿做一只鹰，可以翱翔天空，任意捕兔捉鸡。而我们除了生蛋、司晨外，每天还胆战心惊，怕被捉被宰，惶惶不可终日。"

最有意思的是人的答案，男人一律填为："假如让我再活一次，我要做一个女人，上电视，登报刊，做广告，印挂历，多风光。即使无业，只要长得好，一阵银铃般的笑声，一句嗲声嗲气的撒娇，一个蒙眬的眼神，都能让那些正襟危坐的大款神魂颠倒。"

女人的答卷一律为："假如让我再活一次，一定要做一个男人，经常出入酒吧、餐馆、舞厅，不做家务，还摆大男子主义，多潇洒！"

上帝看完这些答案，气不打一处来，把所有答卷全都撕得粉碎，厉声喝道："一切照旧！"

别人的都是好的，自己的都是不如意的。这是大部分人的心理状态。**人们总在渴望那些本不属于自己的东西，而很少认真审视自身所拥有的。**

好莱坞知名导演山姆·伍德说，他在启发一些年轻的演员时，碰到的最头痛的问题就是：这些演员都想成为英格丽·褒曼或者成为克拉克·盖博。他的主要工作之一就是让他们保持本色，接受自己，做好自己。

有一个穷人和一个病弱的富人，彼此都很羡慕对方。穷人希望能像富人那样得到丰厚的财产，富人希望能像穷人那样拥有健康的身体。借助神灵的力量，他们两个人互换了位置。原本的穷人成了富人，每天挥霍无度，把财产渐渐耗尽，又变成了一个穷光蛋。原本的富人变成了穷人，可他不甘于贫苦，想方设法赚钱，又积累起巨大的财富，可操劳毁掉了他的健康，他又变成以前病弱的样子。

两个人交换身份，过上了一直向往的截然不同的生活，可经过一番折腾，结果却又回到起点。

人生中的很多痛苦、烦恼、焦虑、不安、恐惧都是因为我们不能接受自己，不能接受现实，甚至不愿接受即将发生的事情。人生的大智慧之一，就是接受自己，接受现实，对于即将发生的事情做好最坏的打算，那么我们的内心才会平静，而内心平静了才可能产生精神的力量，从而找出办法，改变现实，成为我们想要成为的人。

印度著名的心灵导师奥修说："太多能量浪费在自我搏斗上、在拒绝上、在谴责上。太多能量浪费了。如果你接受自己，你成为一个能量的水库，这样自我冲突就终止了。一个自我冲突的人绝不可能具有创造性，他是破坏性的，他毁掉他自己，而且通过他的手将同样破坏其他人。除非你把自己作为一个祝福来接受，并且欢迎自己，爱自己，否则你绝不会成为一股流动的力量。然后，那股力量能够流动于歌唱、舞蹈和绘画。

一千零一种创造的法门会迸发，或者它可以保持你的宁静。而且不论是谁，接触到那深深的宁静，都将蜕变，而且会第一次听到天堂的音乐。所以，不仅要接受，而且要带着深深的感激来接受。要感谢上帝创造你成为自己的样子，不是别人的样子。每一个人都有他独特的作用，那是他存在的原因。"

在自然界，有一种毛毛虫，它们在森林中行走的方式非常奇特。它们中的每一分子都以自己的头紧连着前面那条毛毛虫的尾部，一边走一边吃它们最喜欢吃的橡树叶。

生物学家们为了测试这种毛毛虫的盲目特性究竟有多强，做了这样一个试验：他们将一串毛毛虫放在花盆旁，让它们首尾相连。只见毛毛虫开始围着花盆绕圈子，一只接着一只地走相同的路。虽然它们的食物近在咫尺，然而这群绕成圆圈的毛毛虫，却因为只会盲目地跟着其他毛毛虫的脚步而行动，竟然就这么一圈一圈地绕下去，直至饿死为止。

实际上，在现实生活中，有的人也像这种毛毛虫一样，一辈子都在盲目地跟着别人的脚步走，一点儿也不清楚自己要的是什么，等到生命终了的时候，才发现原来自己并不曾真正活过。

实际上，每一个人对生活的看法都是不同的。有的崇尚自由，有的喜欢富足，想要什么样的生活完全由自己来决定。不要让别人的思想左右了你，只要你自己喜欢，只要你能为自己的快乐而满足，你就可以享受属于你的生活。如果你总是觉得不满，那么即使你拥有了整个世界，也会过得不快乐。

有一家网站做了一次调查，唐僧师徒四人中，最受青睐的是猪八戒，就是因为猪八戒活得真实。不管是在取经四人组还是在天庭，只有猪八戒真实地展现了自我。他毫不避讳自己的阴暗面：贪生怕死，好吃懒做，贪财好色。

相对于迂腐的唐僧、完美的孙悟空和老实的沙和尚而言，也只有猪八戒真实地释放着自我，让人觉得真实可信，何况他还有很多优点：能干粗活、脏活、累活；心胸宽广，从不计较孙悟空的冷嘲热讽；乐观达观，具有亲和力……

猪八戒的形象虽然不佳，但他却是最快乐的，也是最受人欢迎的。因为他是最真实的，始终听从自己的内心，保持自己的性格。

《甄嬛传》播出后红遍大江南北，一时间成为官斗戏中的经典。然而，我更向往的，却是它的姊妹篇《如懿传》中讲述的故事。甄嬛历尽坎坷赢得了种种斗争，却牺牲了爱情，失去了自我；而如懿，她始终都是原本那个自己，对心中所爱，也始终带着那份执着。尽管她最后的结局并不是人们所期盼的幸福团圆，不过，她身处充满诱惑和权谋的深宫，却总是保持着自己的本色。这对一个女人而言，比所谓的权势、地位、财富，更为难能可贵。

富贵繁华，只是虚妄。如懿也好，甄嬛也罢，作为一个女人，她们心中最渴望的，不过是平平淡淡的幸福。

生命匆匆，不要给自己留下遗憾，以自己喜欢的方式，做自己喜欢做的事情，坚定做自己。女人的一生会遇到形形色色的人，各种各样的事，然而我们时刻都要记得，做一个独特的自己才是最重要的。我们不妨像猪八戒那样活着：渴了饮，饿了食，困了睡，可以独自一人找个清净河滩悠闲地垂钓；也可以待在家中看一整天电影，还可以什么都不干，找个地方发一天呆……不因外界的因素违背自己的心愿，让内心保持淡定从容，那么日子就是快乐的，生活就是真实的，人生就是自己的！